Julia Walch

Buchherstellung

Gestaltung – Technik – Prozesse

BRAMANN Basics – buch & medien

Band 8

Hg. von Klaus-W. Bramann und Anke Vogel

Julia Walch

Buchherstellung

Gestaltung – Technik – Prozesse

bramann.

Alle Titel der Reihe werden in der Deutschen Nationalbibliografie angezeigt,
Die Deutsche Nationalbibliothek bietet nach Erscheinen detaillierte bibliografische Informationen unter hppt://dnb.d-nb.de

Layout, Herstellung und Grafiken
Julia Walch, Bad Soden - www.juliawalch.de

Einband und Bildbearbeitung
Margarete Bramann, Frankfurt am Main

Druck und Bindung
Druckerei TZ-Verlag & Print GmbH
Printed in Germany 2022

Papier
Papier Seite 1–64 und 97–160: Magno Volume, 130 g/m², 1,08-faches Volumen
Papier Seiten 65–80: Magnogloss, 130 g/m²
Papier Seiten 81–96: Munken Print cream, 90 g/m², 1,5-faches Volumen

ISBN (Print) 978-3-95903-017-5
E-Book (PDF) 978-3-95903-109-7

Inhalt

Anhang

Vorwort der Herausgeber

Buchherstellung, auch Verlagsherstellung oder kurz Herstellung genannt, ist ein wichtiger Teil der Kreativwirtschaft. Wichtig, weil von ihr das tradierte Verlagswesen abhängt – geht es doch um die Realisierung von Prozessen, mittels derer geistiger Inhalt in Handelswaren transformiert und Content in eine ihr eigene materielle Form gebracht werden.

Buchhersteller sind gleich mehrfach gefordert: Neben ihrer gestalterischen Kompetenz müssen sie ein Faible für technische Prozesse haben und die Fähigkeit besitzen, komplexe Prozesse auch kaufmännisch zu beherrschen. Denn die Kosten für die technische Leistung liegen im Geschäft mit Büchern in der Regel höher als der Preis, den ein Verlag für den geistigen Input bezahlt. Dieses Einführungswerk versucht, diesen verschiedenen Aspekten gerecht zu werden.

Eine Besonderheit der Reihe BRAMANN Basics sind die Kapitelanfänge. Sie sind nicht nur typografisch vom Fließtext abgesetzt, sondern bieten originelle Einstiege in die behandelten Themen. In einigen Titeln der Reihe sind es Fallbeispiele aus der Praxis, die dem inhaltlichen Text vorangestellt werden. Bei diesem Titel wird die Entstehung eben dieses Buches selbst zum Gegenstand der Einleitung in neun Bereiche der Buchherstellung. Manch ein Studierender, der später in großen Verlagshäusern arbeitet, gewinnt hierdurch gleichzeitig Einblicke in Strukturen und Denkweisen eines kleinen, inhabergeführten Fachverlags.

Julia Walch ist gelernte Schriftsetzerin und ausgewiesene Praktikerin. Ihr Schwerpunkt als selbstständige Typografin und Gestalterin liegt in der Arbeit mit verschiedenen Verlagen, für die sie in enger Zusammenarbeit Printerzeugnisse und E-Books entwickelt, gestaltet, setzt und bis zum Endprodukt betreut. Seit Anfang der 1990er Jahre gehört sie zum Dozententeam des Mediacampus Frankfurt und unterrichtet dort Buchhändler, Medienkaufleute und angehende Lektoren. Von 2010 bis 2012 hatte sie eine Vertretungsprofessur an der HTWK Leipzig am Fachbereich Verlagsherstellung inne. Mehrfach war sie Mitglied in der Jury ›Die schönsten deutschen Bücher‹ der Stiftung Buchkunst.

März 2022 — Anke Vogel und Klaus-W. Bramann

1 Aufgaben der Herstellung

Für dieses Buch wurde das Gestaltungskonzept der Reihe BRAMANN Basics zugrunde gelegt. Kleinere Änderungen wurden mit der Herstellerin im Verlag und dem Verleger besprochen, da die einheitliche Gestaltung ein wichtiges Reihenkennzeichen ist. So variiert die Farbe bei Umschlag und Auszeichnungen, aber Format, Schrift und Layout stimmen im Wesentlichen mit anderen Werken der Reihe überein. Unterschiede fallen bei der Bindung und beim Papier auf. So liegen die Exemplare als fadengeheftete Broschur vor, und es wurden drei verschiedene Papiersorten verwendet.

Wegen dieser ausstattungstechnischen Besonderheiten ließ der Verlag von der Druckerei einen Musterband (= Blindband) herstellen. Nach Begutachtung des Blindbandes, dem OK des Verlags und der Festlegung der Auflagenhöhe konnte die Druckerei die vereinbarten Papiersorten für die Produktion bestellen und die Buchbinderei über die anstehende #Fadenheftung informieren.

Nach Fertigstellung des – im vorliegenden Fall bereits in das Layout eingearbeiteten – Manuskripts wurden vom Verlag weitere Abdruckrechte an einigen Bildern eingeholt. Für die Endfassung des satzreifen Manuskripts lagen somit die Rechte an Texten und Bildern vor; spätere (unnötige) Änderungen im Satz wegen nicht erhaltener Abdruckrechte konnten ausgeschlossen werden.

In letzten Arbeitsschritten wurden das Register erstellt und für das E-Book die Registerbegriffe mit dem Text verlinkt. Auch das Inhaltsverzeichnis wurde so konzipiert, dass der kapitelweise angelegte Link direkt auf die jeweils angegebene Textstelle führt. Nach der Imprimatur des Verlags wurden die Druckdaten entsprechend den Vorgaben der Druckerei geschrieben und als PDF auf den Server der Druckerei gestellt. Abschließend wurde die Datei für das E-Book erstellt.

Über die physische und digitale Auslieferung, in diesem Fall Brockhaus/Commission und Bookwire, gelangte der Titel in den Handel. Zuvor, nach Anlieferung der Druckdaten in die Druckerei, wurde er dem Verzeichnis Lieferbarer Bücher (VLB) gemeldet und mit den dort generierten ONIX-Daten dem Zwischenbuchhandel zur Vorbestellung angeboten. Die Werbemaßnahmen erfolgten in Abstimmung zwischen Autorin und Verlag.

1.1 Exemplarischer Workflow eines Sachbuchs

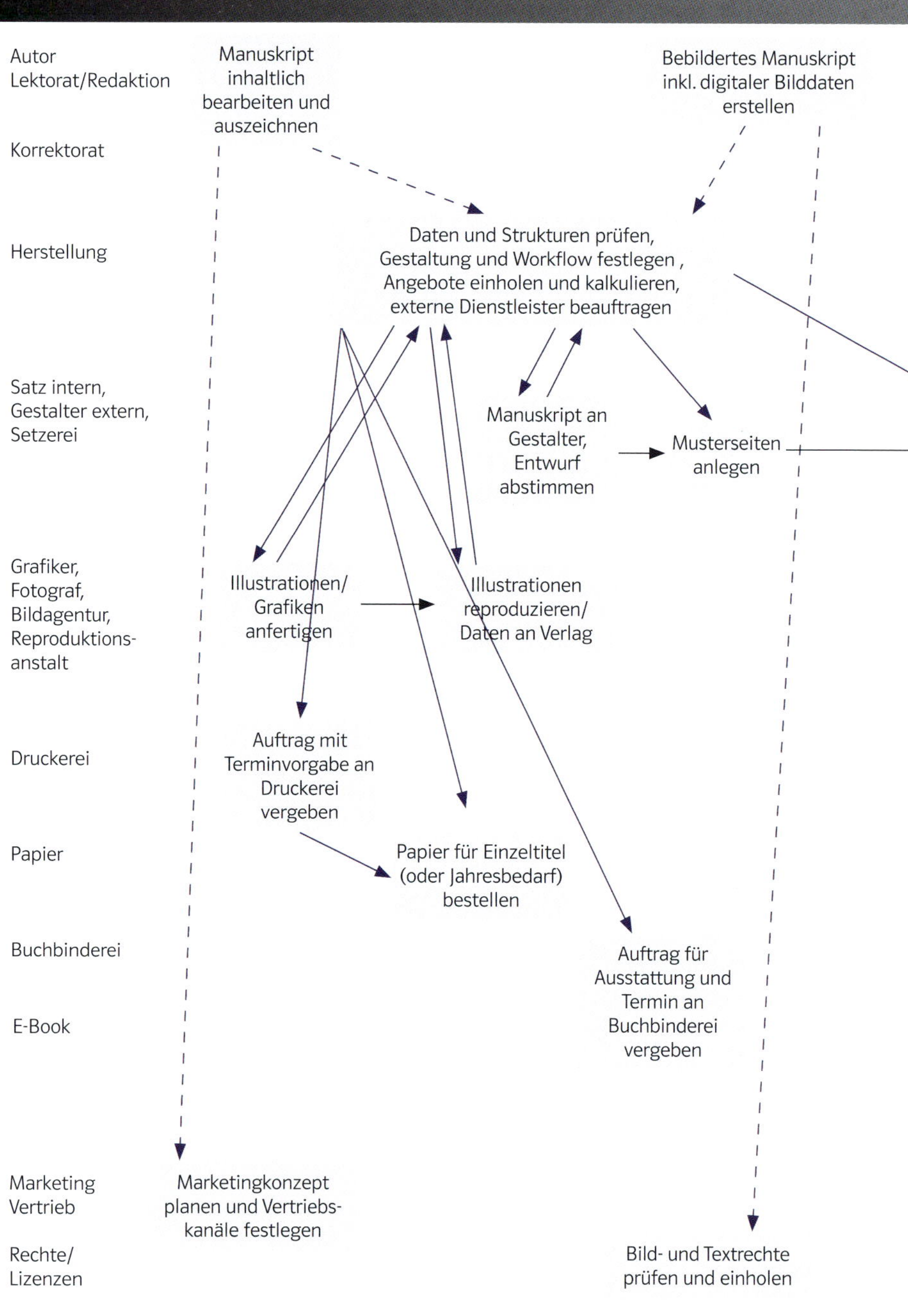

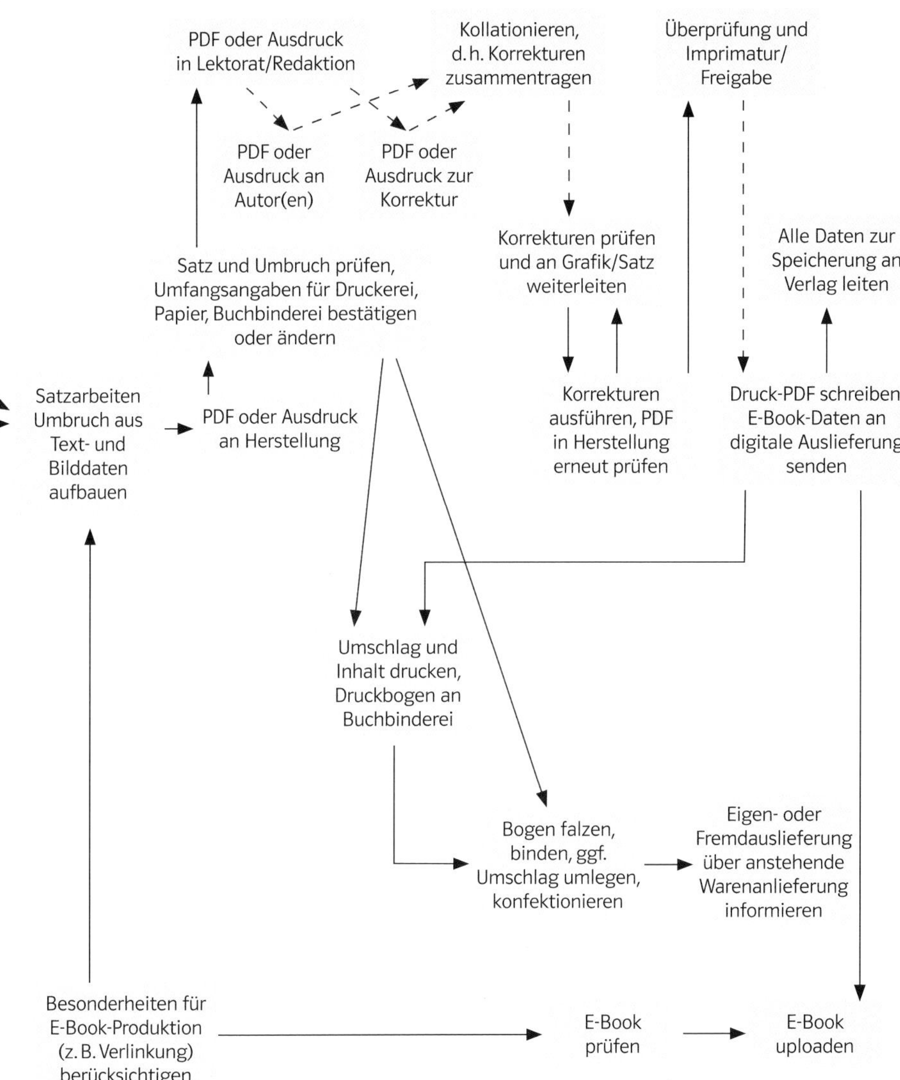
PDF oder Ausdruck
in Lektorat/Redaktion
Kollationieren,
d.h. Korrekturen
zusammentragen
Überprüfung und
Imprimatur/
Freigabe
PDF oder
Ausdruck an
Autor(en)
PDF oder
Ausdruck zur
Korrektur
Korrekturen prüfen
und an Grafik/Satz
weiterleiten
Alle Daten zur
Speicherung an
Verlag leiten
Satz und Umbruch prüfen,
Umfangsangaben für Druckerei,
Papier, Buchbinderei bestätigen
oder ändern
Satzarbeiten
Umbruch aus
Text- und
Bilddaten
aufbauen
PDF oder Ausdruck
an Herstellung
Korrekturen
ausführen, PDF
in Herstellung
erneut prüfen
Druck-PDF schreiben,
E-Book-Daten an
digitale Auslieferung
senden
Umschlag und
Inhalt drucken,
Druckbogen an
Buchbinderei
Bogen falzen,
binden, ggf.
Umschlag umlegen,
konfektionieren
Eigen- oder
Fremdauslieferung
über anstehende
Warenanlieferung
informieren
Besonderheiten für
E-Book-Produktion
(z.B. Verlinkung)
berücksichtigen
E-Book
prüfen
E-Book
uploaden

1.2 Leistungsspektrum der Herstellungsabteilung

Die Herstellung bildet die Schnittstelle zwischen verlagsinternen Abteilungen und externen Dienstleistern. Im Verlag sind dies: Verlagsleitung/Geschäftsführung, Lektorat/Redaktion, Rechte/Lizenzen, Marketing/Werbung, Vertrieb sowie ggf. auch das Controlling. Extern arbeitet die Herstellung mit Dienstleistern wie Reprobetrieben (Prepress), Druckereien (Press) oder Buchbindereien (Postpress) zusammen; bei Bedarf können auch Satzbetriebe/Setzereien, Agenturen, Design- oder Herstellungsbüros eingeschaltet werden.

Die Herstellung bringt den Content in eine Form. Auch hier sind Abstimmungen nötig. In größeren Verlagshäusern ist es üblich, dass der programmverantwortliche Lektor als Acquisition Editor die Titelanbahnung übernimmt, während externe Redakteure die Arbeit am Manuskript und die termingerechte Projektentwicklung verantworten, sofern nicht im Rahmen einer Inhouse-Lösung redigierende Lektoren (Copy Editor) hierfür zuständig sind. Das Korrekturlesen wird unterschiedlich gehandhabt; in den meisten Fällen erfolgt es außer Haus und wird entweder von einer Redaktion oder der Herstellung koordiniert.

Der konkrete Arbeitsablauf variiert je Verlag. Schließlich gibt es nicht ›den‹ Verlag, sondern das ›Geschäftsmodell Verlag‹, welches laut *Adressbuch für den deutschsprachigen Buchhandel* (www.adb-online.de) rund 24.000 Unternehmen, Institutionen, Vereine etc. höchst unterschiedlich praktizieren. Rund 1.700 Unternehmen sind als erwerbsorientierte Wirtschaftsunternehmen tätig, ergänzt durch zahlreiche Individualisten und Self-Publisher, die zum Teil nur einen bzw. wenige Titel auf den Markt bringen.

Zu den zentralen Aufgaben der Herstellung gehören die kostengünstige, qualitätsgerechte und termingerechte Produktion der Print- und Digitalprodukte. Hierbei spielt die Standardisierung eine entscheidende Rolle. Diese ist vor allem im Hinblick auf Gestaltungsfragen anzutreffen: klar definierte Reihen, vereinheitlichte Buchformate und eine beschränkte Auswahl an Hausschriften prägen den Verlagsalltag.

Der von dem Softwareunternehmen Klopotek und Partner zu Beginn des Jahrhunderts initiierte Arbeitskreis Berliner Werkstatt Herstellung entwarf ein ›Standard-Prozess-Modell‹, in dem die Aufgaben der Herstellung fixiert wurden. Hierzu zählte man neben zukunfts- und qualitätssichernden Maßnahmen u. a. nachstehende Aspekte:

Vorbereitung der Produktionsprozesse

- Produkte entwickeln und gestalten,
- Produktionsabläufe planen,
- Lieferanten-, Material- und Leistungsstamm pflegen,
- Vorkalkulation erstellen,
- Terminplan erstellen.

Vorbereitung des Einkaufs

- Beschaffung sichern,
- Produktions- und Qualitätsanforderungen definieren,
- Material und Leistung ausschreiben und auswerten,
- Rahmenverträge und Preislisten aushandeln,
- Einzelprodukte verhandeln,
- Mengen disponieren.

Einkauf

- Termine und Kapazität planen,
- Produktionsauftrag auslösen/schreiben,
- Produktionsauftrag ggf. stornieren oder neu schreiben.

Durchführung der Produktion

- Content in Produkt umsetzen,
- Produktion freigeben,
- Produktionstermine überwachen,
- Produktionskosten überwachen,
- Produktionsqualität sichern.

Verwaltung von Material und Produkten

- Material und Halbfabrikate lagern,
- Fertigfabrikate übernehmen.

Nachbereitung der Produktion

- Lieferantenrechnungen prüfen,
- Auftrag fertig melden und buchen,
- Nachkalkulation erstellen,
- Produktionsinhalte sichern,
- Verwaltungsdaten sichern bzw. archivieren,
- Belege versenden,
- Reklamationen abwickeln.

Steuerung der Herstellung (Controlling)

- Herstellung budgetieren,
- Herstellungsprozesse auswerten,
- Kennzahlen festlegen und überprüfen.

1.3 Auftragskoordination und Terminplanung

Zur Auftragskoordination gehört in Anbetracht der vielfältigen Arbeitsschritte und zahlreichen Prozessbeteiligten eine exakte Terminplanung. Je nach Aufwand vergehen Monate vom Zeitpunkt des Manuskripteingangs bis zum Erscheinen des Titels. In der Regel erfolgt die Terminplanung rückwärts vom Erscheinungs- bzw. Auslieferungstermin her, den ein Verlag bereits Wochen vor Erscheinen in seiner Vorschau oder im Verzeichnis Lieferbarer Bücher ankündigt. Spätestens nach der Programmkonferenz, die im Rahmen der Projektpositionierung darüber entscheidet, ob ein Titel als Einzel- oder Reihentitel auf den Markt kommen soll und ob sich eine Investition in kaufmännischer Hinsicht lohnt (Kap. 9), werden festgelegt:

- Termine für die Manuskriptabgabe,
- Workflow in der Herstellung (bestenfalls digital ohne Medienbruch),
- Beschaffung der Materialien,
- Hinzunahme externer Dienstleister,
- titelbezogene Spezifika (Mehrfarbigkeit, Lesebändchen, Spotlackierungen u. a. m.).

Mitunter wird die Terminplanung erschwert durch Änderungswünsche des Autors / des Lektorats ›in letzter Minute‹, durch Engpässe bei Zulieferfirmen (Papier etc.) oder durch sogenannte Schnellschüsse – Bücher, die zusätzlich zur geplanten Produktion kurzfristig veröffentlicht werden sollen. Bei Publikumsverlagen erfolgen letzte Korrekturen, die Höhe der Druckauflage betreffend, nach den ersten Tagen der Vertreterreise anhand erster (Vor-)Bestellzahlen des Handels.

Der eigentliche Produktionsprozess beginnt nach Eingang eines satzreifen Manuskripts. Hierbei ist man auf das Lektorat angewiesen. Dort wurden bereits, zum Teil in Abstimmung mit der Herstellungsabteilung, einige Prüfvorgänge erledigt und weitere Vorhaben festgelegt:

- Überprüfung des Manuskripts auf Vollständigkeit inkl. Vorwort, Literaturverzeichnis etc.,

- Überprüfung der separaten Bilddatei (Abbildungen, Grafiken, Tabellen) auf Vollständigkeit, richtige Zuordnung und Bildunterschriften bzw. Untertitel,
- Erstellung der #Titelei (Kap. 3.9) inkl. Impressum und Copyright-Hinweisen (bei Lizenzausgaben genaue Formulierung laut Lizenzvertrag),
- Vorschläge für #Auszeichnungen, ggf. in einem zusätzlichen Ausdruck,
- Abgleich der Überschriften mit dem Inhaltsverzeichnis,
- Festlegung der Gliederungs- bzw. Hierarchiestufen.

Während des Entstehungsprozesses eines Buches erfolgen mehrere Qualitätsprüfungen. Zum einen beziehen sie sich auf den Content. Hier gibt es nach der ersten Satzfassung Korrekturgänge durch Autor, Korrektorat und Lektorat, die in einem kollationierten Korrekturexemplar münden, in dem alle Korrekturen zusammengetragen werden. Im Rahmen eines zweiten Korrekturganges, Revision genannt, wird anschließend die Ausführung der Korrekturen überprüft. Diese Arbeitsschritte werden entweder traditionell mittels Papierausdruck oder aber digital erledigt. Im letzteren Fall versendet das Lektorat bzw. die Redaktion ein PDF an die beteiligten Personen, die anhand von Kommentarfunktionen Änderungen bzw. Verbesserungsvorschläge anmerken. Mitunter müssen Passagen gekürzt oder verlängert werden, um eine Buchseite zeilengenau abzuschließen. Zum anderen überprüft die Herstellung nach der Bogenmontage (Kap. 6.11) anhand von sogenannten Aushängern Paginierung und Druckqualität; bei farbigen Abbildungen kann ein farbverbindlicher Proof der zusätzlichen Sicherung der Bildqualität dienen.

Sind alle qualitätssichernden Maßnahmen abgeschlossen, übermittelt die Herstellung unter Beachtung der druckereispezifischen Job-Options (Kap. 5.7) Druckdaten für Inhalt und Umschlag an das Druckunternehmen. Hier werden die Daten erneut überprüft und als PDF oder digitaler Ausdruck noch einmal zur Freigabe an den Verlag geschickt. Erst jetzt erfolgt die Druckfreigabe, das Imprimatur (lat. es werde gedruckt). Nun werden die Druckdaten geschrieben und die E-Book-Datei generiert. Bei Büchern mit hohem Qualitätsanspruch erfolgt die Druckabnahme direkt an der Druckmaschine.

Der Produktionszeitraum zwischen Druck und Bindung erstreckt sich auf ca. zwölf Arbeitstage, wobei zur Sicherung der Arbeitsabläufe drei bis vier Wochen eingeplant werden sollten. Bei Printing-on-Demand-Publikationen im #Digitaldruck (Kap. 7.6) verkürzt sich die Zeitspanne nach Druckdatenanlieferung auf ein bis zwei Werktage. Es empfiehlt sich, die benötigten Arbeitstage mit dem Dienstleistungsunternehmen abzustimmen und entsprechende Kontingente einplanen zu lassen.

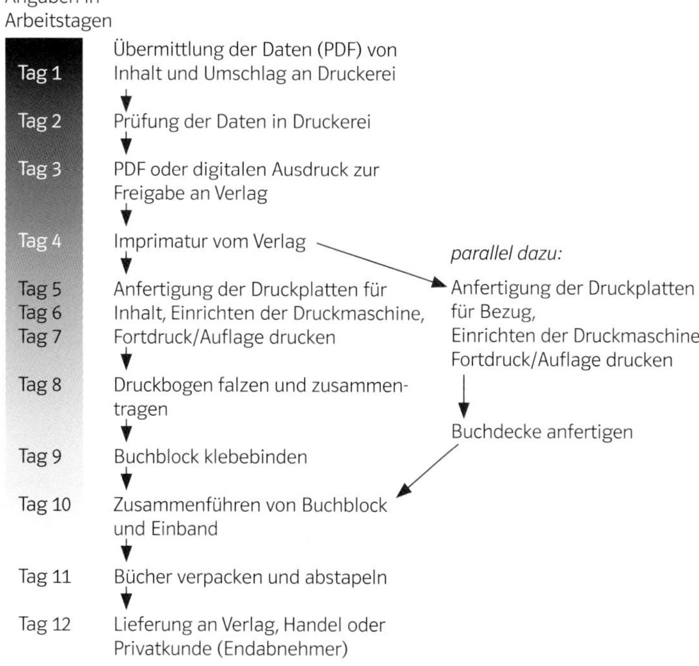

Zeitlicher Ablauf einer Buchproduktion (Bogenoffset, HC mit Klebebindung)

Nach der Produktion erfolgt eine letzte Qualitätskontrolle anhand des vorliegenden Buches. Stimmt die Qualität? Sitzen die Abbildungen passgenau? Kommen die Farben zur Geltung? Etwaige Mängel werden moniert und führen zu Preisnachlässen; im Extremfall zu einem Neudruck. Im Rahmen der Nachbereitung erfolgt auch die Prüfung aller Rechnungen, sodass anhand von Originalbelegen das Buchprojekt, das mit einer Vorkalkulation begonnen wurde, mit einer Nachkalkulation abgeschlossen werden kann.

2 Lesetypografie

Das vorliegende Buch ist dem Genre ›praxisorientierte Wissenschaftsliteratur‹ zuzuordnen. Die Zielleser ergeben sich aus dem Reihenkonzept: Die Titel richten sich an Studierende der modularisierten Hochschul-Studiengänge rund um Bücher und Medien und wollen eine Brücke zwischen Wissenschaft und Verlagspraxis schlagen. Im weitesten Sinne geht es also um ›Gebrauchsbücher‹ – und nicht um Künstlerbücher oder fiktionale Literatur.

Doch wie spricht man Studierende und Verlagspraktiker an? Welcher Stil ist adäquat? Welcher Umfang ist für bestimmte Themen und Darstellungen sinnvoll? Wie kann der Content bestmöglich erläutert werden? Durch welche gestalterischen Möglichkeiten erreicht man den größtmöglichen Nutzen? Welche Typografie kann für welche Inhalte am besten angewendet werden? Wie liest man im Allgemeinen und wie lesen Studierende im Besonderen? Mit diesen Fragen beschäftigt sich das Gebiet der Lesetypografie, das maßgeblich durch die Arbeiten von Hans Peter Willberg und Friedrich Forssmann ins Bewusstsein der Mediengestalter gerückt worden ist. Als zentrale Erkenntnis hat sich herausgestellt: Die Typografie muss jeder Lese- bzw. Rezeptionsart gerecht werden. In diesem Sinne gilt es, sowohl die tradierten und bewährten Regeln des Schriftsatzes als auch die sich verändernden Lese- und Sehgewohnheiten heutiger Leser zu berücksichtigen.

Als Lehrbuch kann dieses Buch der ›differenzierenden Typografie‹ zugeordnet werden. Die Lesenden sind hoch motiviert und am Inhalt interessiert. Sie überfliegen das Inhaltsverzeichnis und lesen daraufhin einzelne Kapitel. Zwei Gliederungshierarchien und zahlreiche Zwischenüberschriften gewährleisten eine sehr gute Strukturierung des Textes und des Layouts. Hervorhebungen und Verweise, Bilder mit Legenden, Tabellen, Grafiken etc. kommen dem Informationsbedürfnis der Lesenden entgegen. Ergänzend suchen diese bei Bedarf im Register nach Stichworten und kommen so zu den für sie relevanten Inhalten. Die Seitenzahl steht unten (außen in den Stegen) und kann dort schnell und gut gefunden werden. Unterstützend wirkt ein Kolumnentitel, der – ebenfalls unten auf der Seite platziert – noch einmal zeigt, in welchem Bereich der Buchherstellung man sich gerade befindet.

2.1 Typografie für lineares Lesen

Zum Beispiel: Belletristik, erzählende Kinder- und Jugendliteratur

Wie wird gelesen: Längere, wenig strukturierte Texte; kaum Unterbrechungen, eventuell Kapitelüberschriften oder -zählung

Zielgruppe: Leser, denen längere Texte mit möglichst großem Lesekomfort geboten werden sollen.

Typografische Umsetzung:

- Lesefreundliche, ruhige Seiten entsprechend den klassischen Regeln der Typografie,
- Satzspiegelproportionen (Verhältnis von bedruckter zu unbedruckter Fläche) entsprechend dem Buchformat mit genügend großen Stegen, die das Auge nicht von den Seiten ablenken,
- angenehmes Verhältnis von Schriftgröße (ca. 8–11 pt) zu Zeilenabstand und Zeilenbreite sowie Zeilen pro Seite,
- Überschriften, #Initialien und Seitenzahlen können den Charakter des Inhalts verdeutlichen und verstärken,
- passive #Auszeichnungen (zum Beispiel kursiv oder #Kapitälchen) lenken nicht vom Lesen ab.

Die im Folgenden abgebildeten Bücher aus dem 16. Jahrhundert entsprechen bereits der Typografie für lineares Lesen. Die ruhigen Seiten kommen dem Leser entgegen, der sich ganz dem Inhalt und der Stimmung des Buches widmen kann.

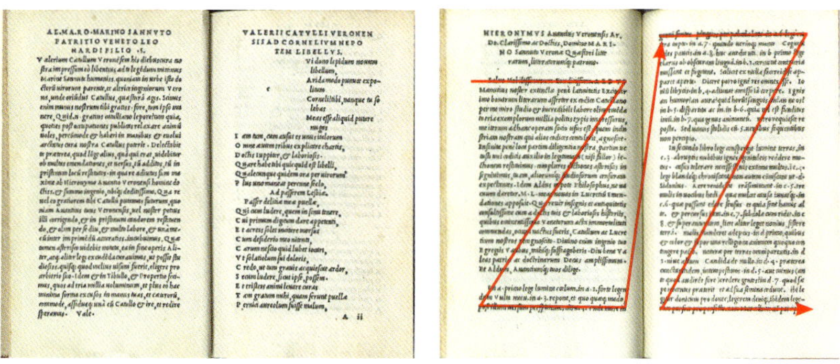

Catullus, Tibullus, Propertius von Aldus Manutius, Venedig 1502

Bei der Ausgabe der Erzählung *Michael Kohlhaas* scheinen die Zeilen der Rückseite leicht durch, obwohl das Papier relativ kräftig ist. Das gibt dem Auge Halt und lässt es besser dem Text folgen. Das Verhältnis von Schriftgröße zu #Zeilenabstand und Zeilenbreite ist angenehm. Nur die Wortabstände sind hier und da etwas groß, so dass optisch Lücken entstehen. Ruhe entsteht auch durch die zentriert angeordneten Zeilen der Überschriften und die mit geringem Einzug außen auf den Seiten angeordneten Seitenzahlen.

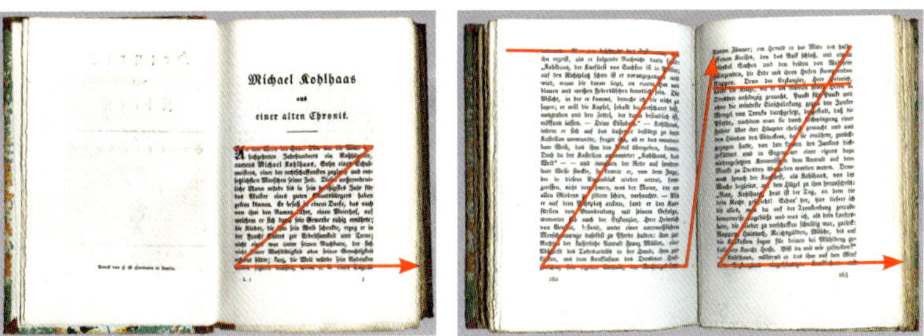

Heinrich von Kleist, *Erzählungen, Band 1, Michael Kohlhaas*. © Berlin Verlag Bruno Cassirer 1910

Das Buch von John Irving beginnt nicht mit der ersten, sondern mit der fünften Zeile. Der erste Absatz beginnt mit einem #Initial aus der Grundschrift, die folgenden Absätze sind durch einen Einzug oder eine Leerzeile (ohne Einzug) gekennzeichnet. Das Papier ist leicht gelblich, was einen angenehmen Kontrast zur Schrift ergibt, und hat eine niedrigere #Opazität, so dass das Auge durch die registerhaltig gedruckten Zeilen gut in der Zeile gehalten wird.

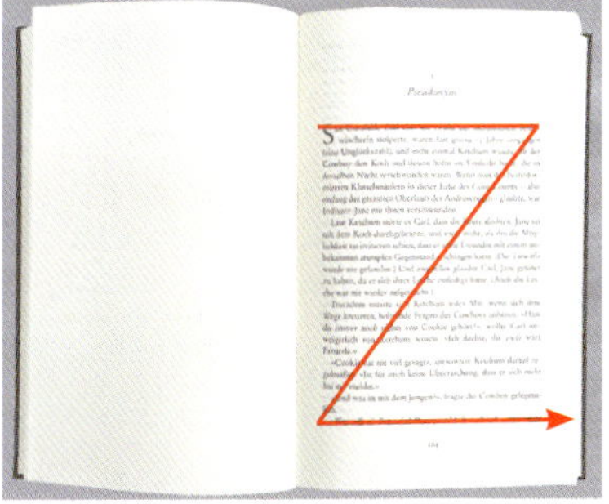
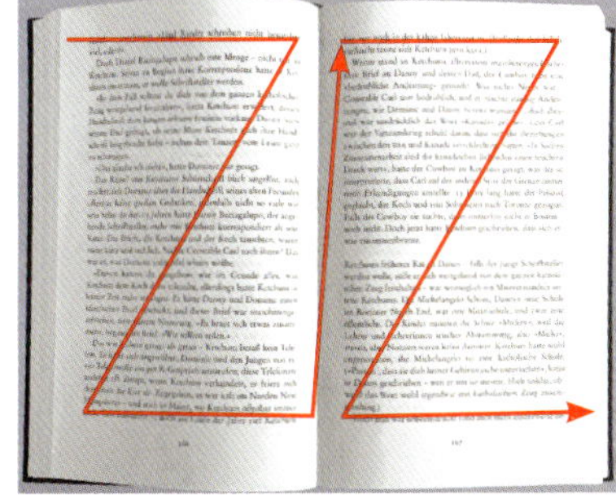

John Irving, *Letzte Nacht in Twisted River*, Büchergilde Gutenberg. © Diogenes Verlag 2010

2.2 Typografie für informierendes Lesen

Zum Beispiel: Sachbücher, Ratgeber, Zeitungen, Zeitschriften

Wie wird gelesen: Zunächst wird der Text diagonal gelesen, damit man einen Überblick erhält. Erst in einem zweiten Schritt erfolgt dann das genauere Lesen ausgewählter Teile.

Zielgruppe: Leser, die gezielt Informationen suchen, ohne das ganze Buch lesen zu wollen.

Typografische Umsetzung:

- Gliederung des Textes in Sinneinheiten und überschaubare Textmengen,
- kürzere Zeilen (oft zweispaltig), überschaubare Abschnitte,
- eindeutige Strukturen durch kurze Überschriften/Zwischenüberschriften,
- entsprechend der inhaltlichen Strukturen und Ebenen verschiedene #Schriftschnitte (Kap. 3.3) aus Schriftfamilien oder Schriftsippen,
- die Schriften können kleiner und mit weniger #Zeilenabstand gesetzt sein, Hervorhebungen im Text sind aktiv.

Ein typischer Vertreter dieser Gruppe sind Tageszeitungen. Hier werden erst die Überschriften ›überflogen‹ und dann die relevanten Artikel dazu gelesen. Die Schrift kann kleiner und der Zeilenabstand geringer sein. Ein typisches Merkmal heute ist die Anordnung in Spalten.

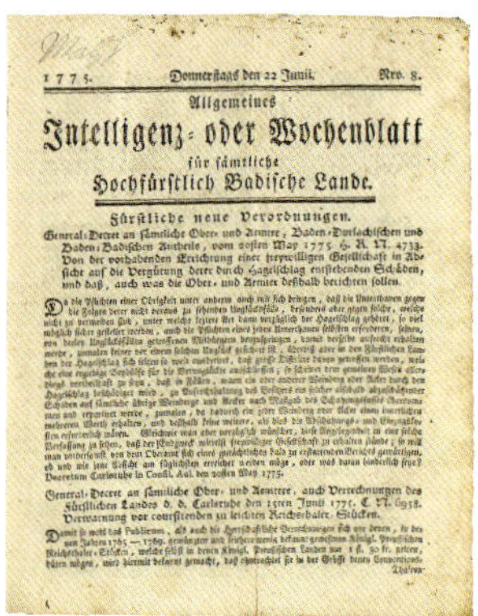

1775. Donnerstags den 22 Junii. Nro. 8.

Allgemeines

Intelligenz- oder Wochenblatt

für sämtliche

Hochfürstlich Badische Lande.

Fürstliche neue Verordnungen.

aus: Grossherzoglich Badisches Anzeige-Blatt 1775 (S. 1)

BADISCHE

NEUESTE NACHRICHTEN

Erleichterungen auf wirtschaftlichem Gebiet

Badische Neueste Nachrichten 1950

Bei Sachbüchern dienen Schriftmischungen, Leerzeilen und größere Abstände der Orientierung und damit dem Verständnis des Inhalts. Innerhalb der einzelnen Kapitel gibt es deutlich unterschiedlich gestaltete Überschriftenkategorien, die eine Gliederungsfunktion haben. Auch Inhaltsverzeichnis und Register ermöglichen ein gezieltes Finden der Themen. Auf der Doppelseite rechts unten gibt es schmale graue Flächen, die bis in den #Beschnitt gehen. Dadurch werden sie auch am Vorderschnitt des Buchblocks sichtbar, um bestimmte Buchteile auffindbar zu machen (in diesem Fall den Wechsel zwischen theoretischen Teilen und Übungsaufgaben).

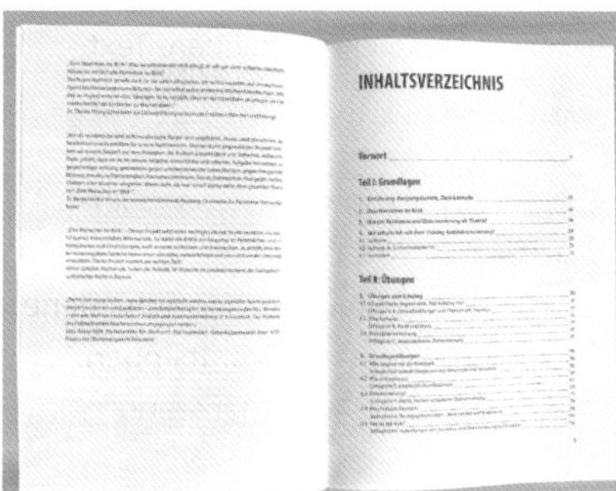

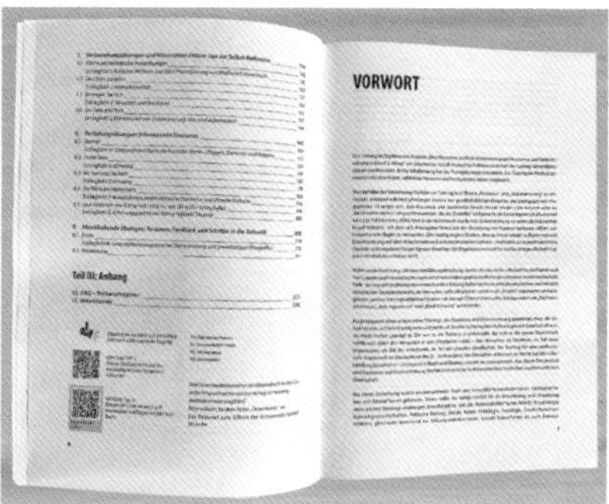

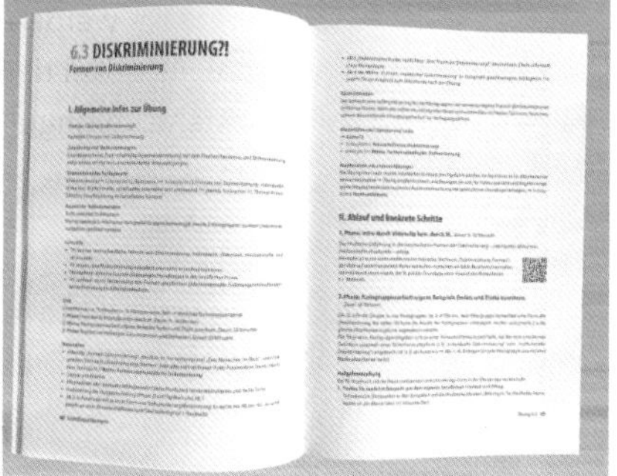

Britta Schellenberg, *Training Antidiskriminierung - Den Menschen im Blick - Schwerpunkt Rassismus.* © Wochenschau Verlag 2020

2.3 Differenzierende Typografie

Zum Beispiel: Lehrbücher, wissenschaftliche Bücher, Dramensatz, aber auch Literaturverzeichnisse

Wie wird gelesen: Die stark strukturierten Texte können zwar im Ganzen, aber ohne Probleme auch kapitel- bzw. absatzweise linear gelesen werden.

Zielgruppe: Routinierte Leser, denen man längere Zeilen, kleinere Schriften und einen volleren Satzspiegel zumuten kann. Der Text wird vom Leser erarbeitet.

Typografische Umsetzung:

- Inhaltlich stark differenzierte Texte, die typografisch adäquat umgesetzt sind,
- Hervorhebungen und Schriftmischungen unterstützen die inhaltliche Struktur und Wertigkeit,
- Über- und Unterordnungen müssen deutlich erkennbar sein,
- Überschriften sind hierarchisch gegliedert.

Bei dem Buch zur Geometrie von Euklid von 1516 ist die Schrift ziemlich klein, der #Zeilenabstand gering und die Zeilen sind relativ breit. Da aber von einem motivierten Leser ausgegangen werden kann, ist dies zumutbar. Es wird ja auch nicht das ganze Buch am Stück gelesen.

Der Beginn eines Kapitels wird durch #Initialien gekennzeichnet und die Überschriften und das Ende eines Abschnittes sind an den mittig gesetzten Zeilen erkennbar. Alle Zeichnungen sind den Absätzen zugeordnet und auf einen Blick in der #Marginalspalte zu sehen.

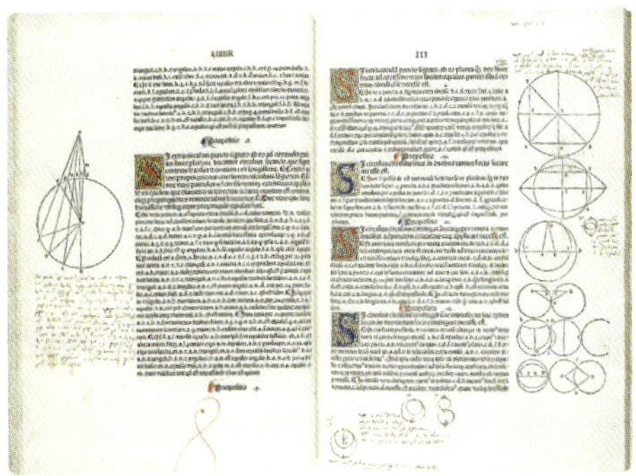

Eine Seite mit Marginalien aus der Erstausgabe von Euklids *Elementa Geometrica*. Druck Erhard Ratdolt 1482

Das Buch von H. Flück arbeitet mit vielfältigen Strukturen. Es gibt mehrere Überschriftenkategorien in Dezimalklassifizierung, Bilder, Tabellen und Grafiken mit Legenden sowie Fußnoten. Außerdem befindet sich am Ende des Buches ein umfangreicher Anhang mit Tabellen und Übersichten, Katalogen mit Zeichnungen sowie Fotos, die im Einzelnen beschrieben sind. Abschließend folgt ein detailliertes Literaturverzeichnis.

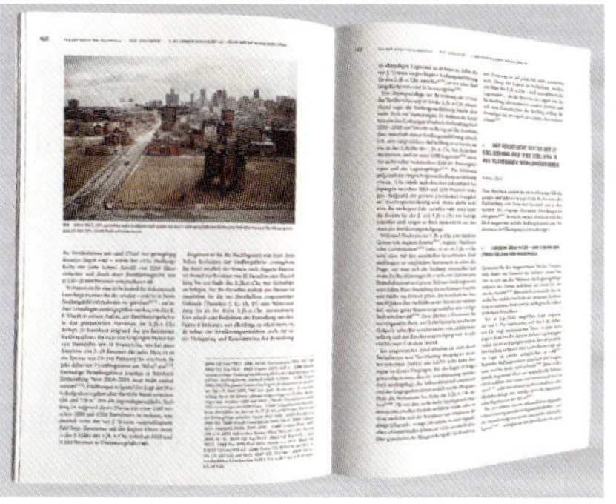

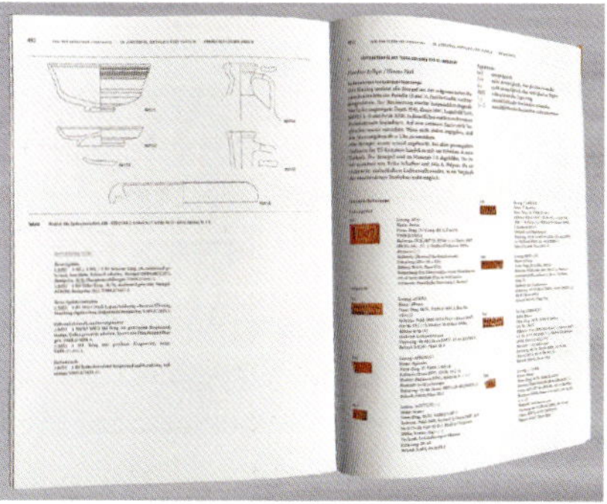

Hannes Flück, *Vor den Toren von Vindonissa*, Kantonsarchäologie Aargau, Brugg. © Kantonsarchäologie Aargau 2017

Das abgebildete Buch *Der gute Gott von Manhattan* ist die Umsetzung des Hörspiels von I. Bachmann in ein gedrucktes Buch und fällt durch sein ungewöhnliches Layout auf. Schrift und Typografie greifen die Formensprache der Bilder auf. Die verschiedenen inhaltlichen Strukturen werden durch unterschiedliche #Schriftschnitte wiedergegeben. Die Sprecher sind rechtsbündig in #Kapitälchen gesetzt, der im Drama gesprochene Text ist bold und hat einen großen #Zeilenabstand. Interessant sind die Kapitälchen für die Handlungsanweisungen in den Zeilenzwischenräumen, während der Ort der Handlung gestürzt über der #Kolumne steht.

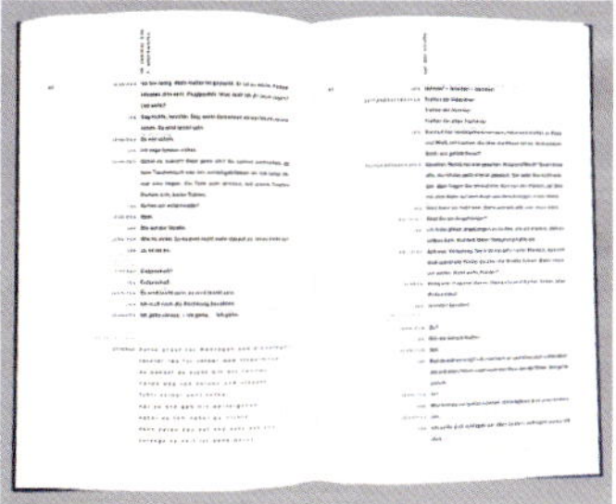

Ingeborg Bachmann, *Der gute Gott von Manhattan.* © Büchergilde Gutenberg 1995

2.4 Typografie für konsultierendes Lesen

Zum Beispiel: Nachschlagewerke, Lexika, aber auch Register, Fußnoten, Zeittafeln, Literaturverzeichnisse, Bibliografien

Wie wird gelesen: Gezieltes Lesen bzw. Nachschlagen einzelner Textstellen oder lexikalischer Artikel mit sehr hoher Lesemotivation. Einzelne Begriffe oder Passagen werden gezielt über das Register oder das Inhaltsverzeichnis gesucht. Die Fundstelle bietet dann weitergehende Informationen zu dem gesuchten Thema.

Zielgruppe: Leser, die sehr motiviert sind und konkrete Informationen suchen.

Typografische Umsetzung:

- Gut lesbare Schrift; möglich sind: kleiner Schriftgrad, geringer #Durchschuss, oft schmale Spalten,
- Stichworte oder Überschriften deutlich sichtbar,
- Hervorhebungen und #Auszeichnungen eindeutig,
- Textmenge entsprechend den inhaltlichen Strukturen klar gegliedert, nach einheitlichem und durchgehendem System, zum Beispiel alphabetisch, inhaltlich oder systematisch.

Das Lexikon aus dem Jahre 1733 zeigt bereits, was typisch für das konsultierende Lesen ist. Es ist alphabetisch aufgebaut, so dass der gesuchte Begriff schnell gefunden werden kann. Danach wird der entsprechende Artikel gelesen – mit der Option, den Verweisen folgend, noch ergänzende Textstellen zu konsultieren. Da die Lesemotivation sehr hoch ist und keine langen Texte gelesen werden müssen, kann die Schrift klein und der #Zeilenabstand gering sein.

Philosophisches Lexicon, J.G. Walch, Leipzig 1733

Philosophisches
LEXICON,
Darinnen
Die in allen Theilen der Philosophie,
als Logic, Metaphysic, Physic, Pnevmatic,
Ethic, natürlichen Theologie und Rechts-
Gelehrsamkeit, wie auch Politic fürkommen-
den Materien und Kunst-Wörter erkläret,
und aus der Historie erläutert; die Strei-
tigkeiten der ältern und neuern Philosophen erzeh-
let, die dahin gehörigen Bücher und Schrifften an-
geführet, und alles nach Alphabetischer Ordnung
vorgestellet worden,
Mit nöthigen Registern versehen
und herausgegeben
von
Johann Georg Walch,
der Heil. Schrifft Doctor, und P. P. auf der
Universität Jena.
Zweyte verbesserte und mit denen Leben alter und neuer Philo-
sophen vermehrete Auflage.

Leipzig,
Verlegts Joh. Friedrich Gleditschens seel. Sohn.
1733.

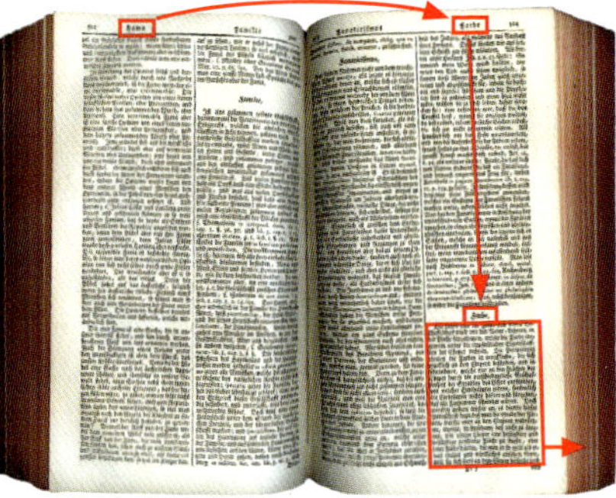

Nachschlagewerke wie der *Duden* folgen auch heute noch den Gesetzmäßigkeiten des konsultierenden Lesens. Die Schrift ist gut lesbar, aber klein mit geringem #Zeilenabstand. Meistens sind sie spaltenweise aufgebaut und alle Artikel somit schnell auffindbar und stringent aufgebaut und gestaltet.

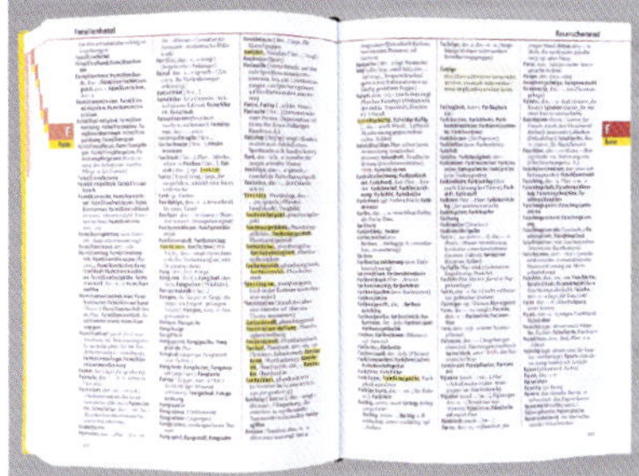

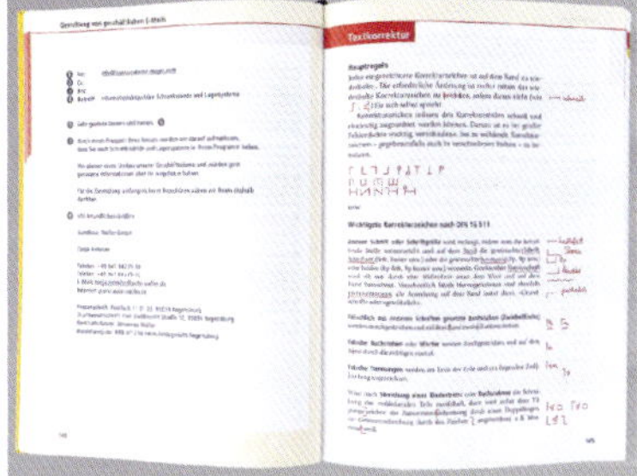

Duden. Die deutsche Rechtschreibung. © Dudenverlag Berlin 2020

Ein Literaturverzeichnis ist ebenfalls ein typisches Beispiel für das konsultierende Lesen. Verzeichnisse sind alphabetisch aufgebaut und haben verschiedene #Schriftschnitte für die unterschiedlichen Inhalte. Dies dient dazu, den gesuchten Inhalt schnell zu finden. Die Schrift ist klein und der #Zeilenabstand gering. Oft sind sie spaltenweise gesetzt, so dass viele Informationen auf geringem Raum Platz haben.

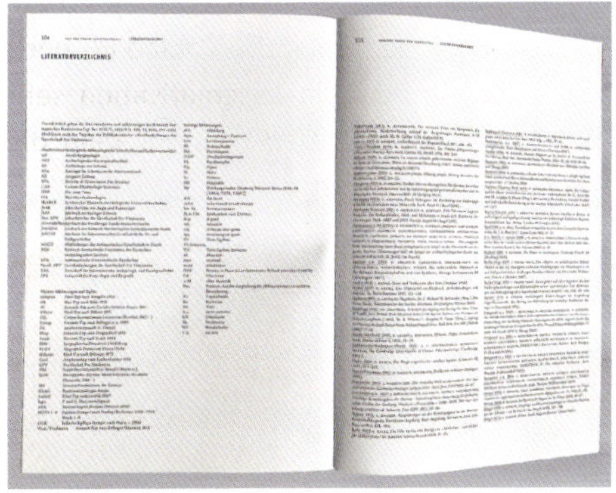

Hannes Flück, *Vor den Toren von Vindonissa*, Kantonsarchäologie Aargau, Brugg. © Kantonsarchäologie Aargau 2017

2.5 Typografie für selektierendes Lesen

Zum Beispiel: Schulbücher, Ratgeber und Kochbücher

Wie wird gelesen: Inhalte können auf verschiedenen Ebenen nacheinander oder in Verbindung miteinander gelesen werden.

Zielgruppe: Schüler und Lehrer; Lernende aller Altersgruppen

Typografische Umsetzung:

- Eindeutige Trennung der inhaltlichen Ebenen voneinander mit typografischen Mitteln. Dies können verschiedene #Schriftschnitte oder Schriften aus Schriftsippen sein.
- Überschriften sind entsprechend der Inhalte hierarchisch abgestuft.
- Vielseitige typografische #Auszeichnungen entsprechend der inhaltlichen Strukturen. Sie müssen eindeutig sein, aber nicht überbetont, und sie dürfen sich gegenseitig keine Konkurrenz machen.
- Zusätzliche Elemente dienen der Strukturierung der Seiten: zum Beispiel farbige Unterlegungen, Rahmen, Piktogramme etc. Alle gestalterischen Elemente sollten selbsterklärend sein, damit sie das Erfassen der Inhalte unterstützen.

Kochbücher gehören zu dieser Gruppe, denn es sollte klar sein, welche Zutaten benötigt werden und wie die einzelnen Arbeitsschritte ablaufen. Bei diesem Kochbuch von 1752 sind die Zutaten noch nicht von den Arbeitsschritten getrennt. Heute würde dieser Unterschied deutlicher hervorgehoben.

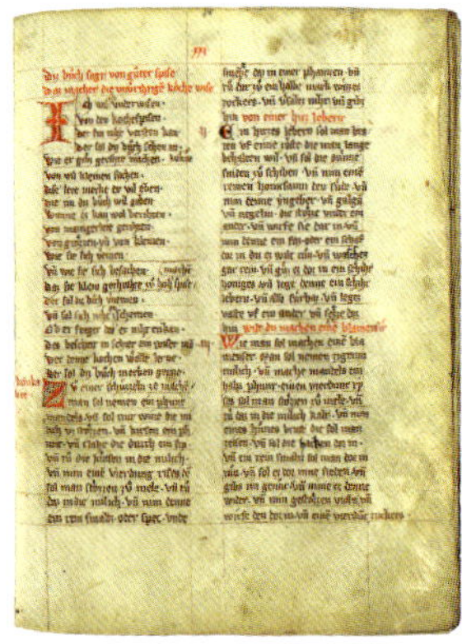

Erste Seite aus dem *buoch von guoter spîse. Hausbuch des Michael de Leone*. Das erste erhaltene deutschsprachige Kochbuch. Entstehungszeit: 1345–1354

Bei diesem Schulbuch für die Sekundarstufe gibt es viele unterschiedliche inhaltliche Strukturen, die durch Farben, Linien und verschiedene Schriften bzw. #Schriftschnitte verdeutlicht werden. Außerdem werden unterschiedliche Stufen durch die Farben in der Aufgabenzählung, den Tabellenlinien, der #Kolumne und den Schriften unterschieden. Diese Elemente kehren in allen Teilen des Buches wieder, auch im Inhaltsverzeichnis und dem Register. Eindeutigkeit und Klarheit sind wichtig beim Erfassen von Inhalten.

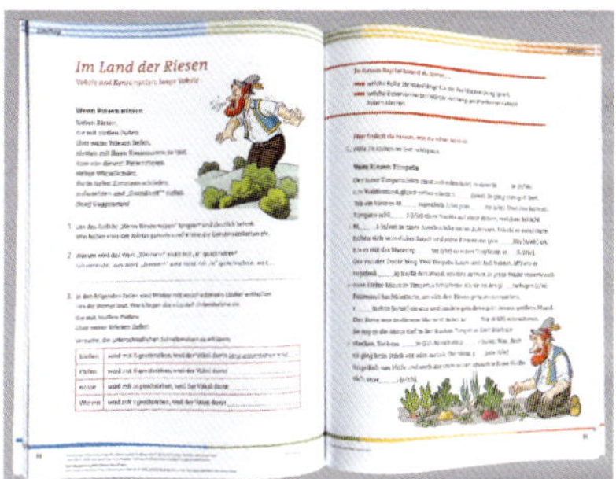

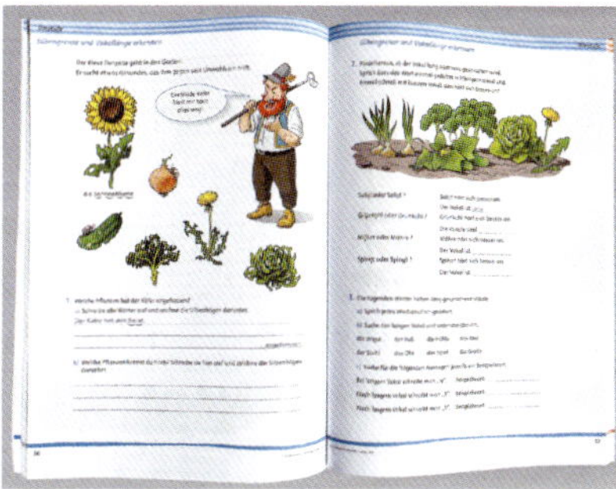

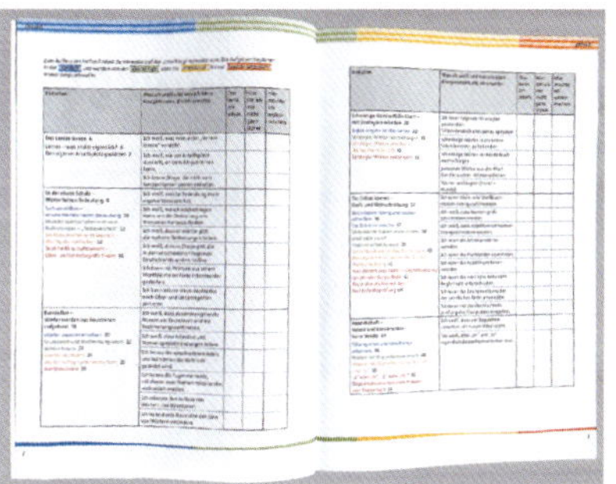

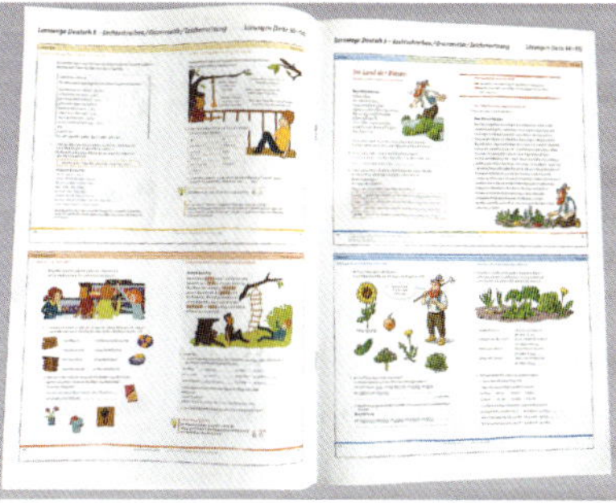

Jasmin Merz-Grötsch, Ute Fenske, et al., *Lernwege Deutsch – Texte untersuchen und schreiben*. rechts unten das Lösungsheft. © Mildenberger Verlag 2016

2.6 Typografie nach Sinnschritten

Zum Beispiel: Bilderbücher, Fibeln, Lehrbücher für Fremdsprachen, aber auch #Bildlegenden oder Aufgaben in Schulbüchern

Wie wird gelesen: Gliederung des Zeilenfalls nach Sinnschritten, nicht nach formalen Gegebenheiten.

Zielgruppe: Leseanfänger in jedem Alter: Kinder, Erwachsene, die eine neue Sprache (vielleicht sogar mit einem fremden Alphabet) lernen, und Menschen mit Leseschwäche.

Typografische Umsetzung:

- Zeilenfall und Gliederung, die sich nach dem Inhalt und nicht nach dem Satzspiegel richten, um die Sätze in kurze, gut zu verstehende Zeilen zu teilen.
- Schriftgröße und #Zeilenabstand müssen altersabhängig und nach Leseerfahrung gewählt werden.
- Auch Leerzeilen und zusätzliche Abstände und Räume dienen der Ordnung auf der Seite.

Janoschs Kinderbuch mit einer Geschichte in Versen ist eine Form der Typografie in Sinnschritten, denn hier enden die Zeilen nach Sinneinheiten und nach Satzzeichen wie Komma oder Punkt. Dadurch sind die Inhalte auch für Kinder gut zu erfassen.

Die Schrift benötigt eindeutige Buchstabenformen, die nicht zu Verwechslungen und damit zu Verständnisschwierigkeiten führen, beispielsweise l und I. Außerdem soll sie eine für die Altersgruppe angemessene Größe und entsprechenden Zeilenabstand haben.

Janosch, *Oh wie schön ist Panama.* © Beltz Verlag 1978

Zeilenende ohne Satzende

Satzende

Bei diesem Kinderbuch von U. und S. Tischewski gehen Inhalt und Form Hand in Hand. Die Bilder sind das maßgebliche Element. Aber auch die Schrift passt sich den Seiten an. Sie ist kräftig in den Farben und hat einen #Schriftschnitt in bold. Dadurch wird sie ein Teil des Bildes, was auch durch die Platzierung auf den Seiten betont wird.

Ulf und Susanne Tischewski, *Das machen wir gerne*. © Kemkes Verlag 2004

Der Ordner *Deutsch als Zweitsprache* ist für Kinder und Jugendliche konzipiert. Auch hier wird das Erfassen der Inhalte dadurch unterstützt, dass die Zeilen nicht nach formalen Kriterien, sondern nach den Satzstrukturen beendet werden. Die Schrift hat eine angemessene Größe und einen #Zeilenabstand, der das Erfassen der Inhalte erleichtert.

Um die Strukturen der Inhalte zu unterstützen, haben die Kapitel verschiedene Farben, die in den Kolumnenlinien wiederkehren. Außerdem werden die inhaltlichen Strukturen durch Piktogramme im Kolumnentitel und der #Marginalspalte unterstützt.

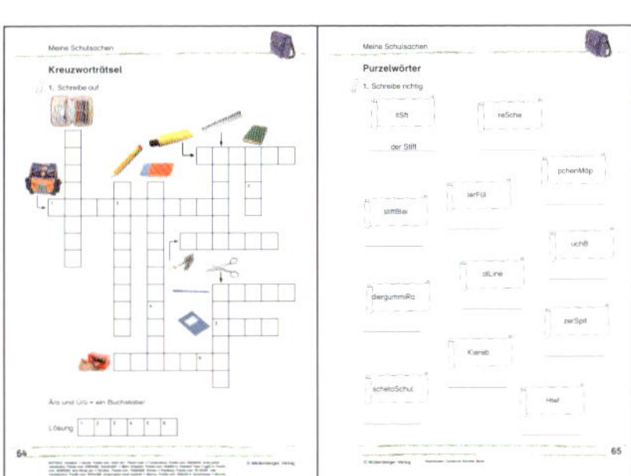

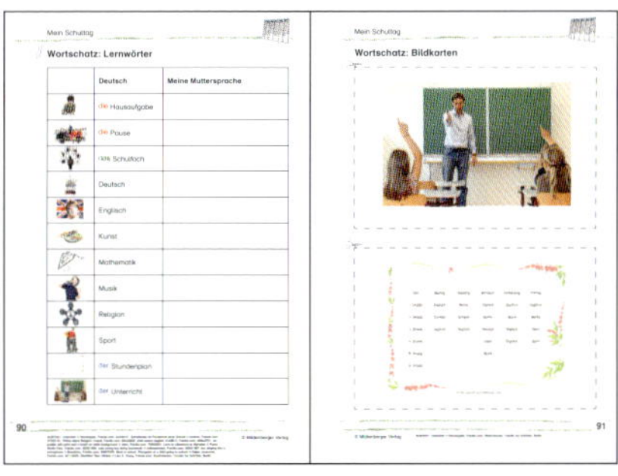

Deutsch als Zweitsprache, Hg. Johanna Meixner, © Mildenberger Verlag 2016

2.7 Aktivierende Typografie

Zum Beispiel: Magazine, Geschenkbücher, werbende Bücher, aber auch Sachbücher, Zeitschriften

Wie wird gelesen: Interessiertes und aufmerksames Lesen, weil die Typografie neue bzw. neuartige Leseerlebnisse nahe legt.

Zielgruppe: Leser, deren Interesse für einen bestimmten Inhalt geweckt werden soll.

Typografische Umsetzung:

- Typografie und Schriften dürfen sich über etablierte Regeln hinwegsetzen. Sie dürfen ›laut‹ im Sinne von schreiend-auffällig sein, so dass sie bestenfalls zum Inhalt eine zusätzliche Ebene hinzufügen.
- Die Typografie dient der Leseanimation und zieht den Leser in das Buch hinein.
- Der Grundsatz lautet: wichtig sein und auffallen.

Bei diesem Katalog der Papiermühle Gmund geht es darum zu zeigen, welche ökologisch hergestellten Papiere zur Verfügung stehen. Außerdem wurde er mit ökologischen Farben gedruckt.

Der Katalog ist in drei Sprachen verfasst, die sich typografisch deutlich unterscheiden. Der deutsche Text ist in einer Schrift mit Serifen, mit ungewöhnlich großem #Zeilenabstand und im Blocksatz gesetzt. Die englischen und französischen Texte erkennt man daran, dass die Schrift keine Serifen und weniger #Durchschuss hat und im Flattersatz gesetzt ist.

Katalog der Papierfabrik Gmund, ›*die natürlichen*‹. Gmund 1995

2.8 Inszenierende Typografie

Zum Beispiel: Alle Bücher, bei denen keine hierarchisch durchgestalteten Ebenen notwendig sind, u. a. auch Kinderbücher.

Wie wird gelesen: Ergebnisoffenes Lesen, da man sich bereitwillig auf die gestalterische Ebene einlässt.

Zielgruppe: Leser, die bereit sind, sich auf außergewöhnliche Schrift- und Layout-Lösungen einzulassen.

Typografische Umsetzung:

- Text wird subjektiv vom Gestalter interpretiert,
- Inhalt kann gesteigert oder verfremdet werden,
- Das kann durch verschiedene Schriften und #Schriftschnitte von leicht bis extrabold ausgedrückt werden, aber auch durch Anordnung der Texte auf der Seite.

In diesem Buch gibt es den Inhalt gleich zweimal: einmal auf schwarzem Karton mit grauer Schrift und negativ weißen Satzzeichen in der ›englischen Schreibschrift 2‹ und einmal in der ›DTL Paradox‹ auf Dünndruckpapier. Die Variante auf dem Karton ist eine interessant gestaltete Interpretation des Buchinhalts, wohingegen die Variante in der Mitte des Buches auf dem schmaleren Dünndruckpapier als Ergänzung zur besseren Rezeption dient.

Die Gestaltung wird von dem schwarzen Farbschnitt auf allen drei Seiten und dem schwarzen Faden der #Fadenheftung komplettiert.

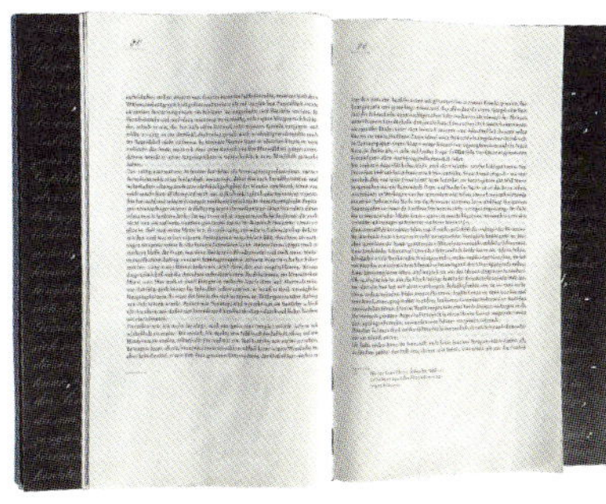

Herman Melville, *Bartelby der Schreiber*. © Büchergilde Gutenberg 2004 (Originalverlag Steidl)

Im folgenden Beispiel wird der Text mit den technischen Möglichkeiten des Fotosatzes frei und spannungsreich interpretiert und gestaltet. Der Gestalter wird in diesem Fall zum Mitautor und Illustrator, weil er die Texte mit Hilfe des Fotosatzes verändert. Laute Textstellen sind größer, leise kleiner, es gibt leere Flächen, die zeigen, dass nicht gesprochen wird, und Überlagerungen der Schrift, wenn der Inhalt dies erfordert.

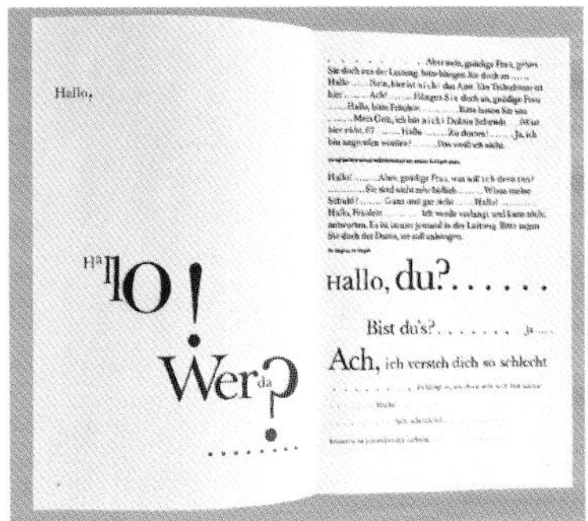

Jean Cocteau, *Die geliebte Stimme*. © Gustav Kiepenheuer Verlag 1982

3 Schrift und Gestaltung

Für dieses Buch wurde als Grundschrift die Polo Buch 9,5/12,75 pt mit den Auszeichnungsschriften Polo leicht, *Polo leicht kursiv*, Polo Buch und ***Polo Buch kursiv*** verwendet. Für die Überschriften kommt der #**Schriftschnitt Halbfett** in der Farbe Rot aus Cyan 0 %, Magenta 100 %, Yellow 100 %, Schwarz 0 % zum Einsatz. Damit sich die #Bildlegenden von der Grundschrift gut unterscheiden, wird hierfür die Polo leicht 8/9 pt verwendet, und für die Grafikbeschriftungen zusätzlich die *Polo leicht kursiv 8/8 pt*.

Die Polo gehört nach der DIN-Klassifikation zur Gruppe der serifenlosen Linear-Antiqua, auch #Grotesk genannt, und nach der Schriftmatrix entspricht sie dem Charakter der Renaissance-Schriften. Mit der sachlichen und trotzdem dynamischen Form unterstützt sie den Charakter des Buches und ist sehr gut lesbar. Außerdem gibt es innerhalb dieser Schriftfamilie viele verschiedene Schriftschnitte, wodurch eine gute Unterscheidung und Zuordnung der verschiedenen Strukturen wie Grundschrift, Überschriften, #Bildlegenden, Bildinnentexte, Tabellen etc. erreicht wird.

Um die Lesbarkeit zu verbessern, werden die in der Schrift vorhandenen #Ligaturen, wie fi und fl verwendet. Beim Satz wird außerdem Wert auf die Satzregeln und Mikrotypografie gelegt. Dies sind z. B. verringerte Festabstände bei Abkürzungen, aber auch die Vermeidung von mehr als drei Trennungen am Zeilenende in Folge, sowie ein harmonisches Gesamtbild der Seite, um zu große oder zu kleine Wortabstände zu umgehen.

Die Gesamtgestaltung berücksichtigt die inhaltlichen Strukturen und erleichtert so das Lesen und Arbeiten mit dem Buch. Dies wird auch durch die überwiegende Darstellung der Inhalte auf Doppelseiten unterstützt. Außerdem erleichtert das Inhaltsverzeichnis und das Register die Navigation innerhalb der Inhalte und bietet zusätzliche Informationen.

3.1 Wege zum Alphabet

Da sich Schriften in unterschiedlichen Kulturen unabhängig voneinander entwickelt haben, existiert keine monogenetische Schriftkultur. Es gibt Funde von Tontafeln mit Zeichen in Südosteuropa, Hieroglyphen in Altägypten und auf Kreta und Keilschriften in Mesopotamien. Ferner gab es lineare und piktografische Zeichen auf Gegenständen der Indus-Kultur und die chinesische Morphemschrift mit ihren 100 000 Zeichenelementen.

Sowohl die Schreibgeräte als auch die Materialien, auf denen geschrieben wurde, waren ausschlaggebend für die Form der Zeichen. Am Anfang wurden sie mit Rohrfedern, Federkielen, Holzgriffeln etc. auf das Trägermaterial (Stein, Knochen, Holz, Leder, Papyrus, Pergament oder Papier) aufgetragen bzw. in dieses eingearbeitet. Bei den Knotenschnüren der Inka (Quipu) wurden die Inhalte durch Anordnung, Zahl und Farbe der Knoten vermittelt.

Frühe Schriftkulturen und ihre Ausbreitung

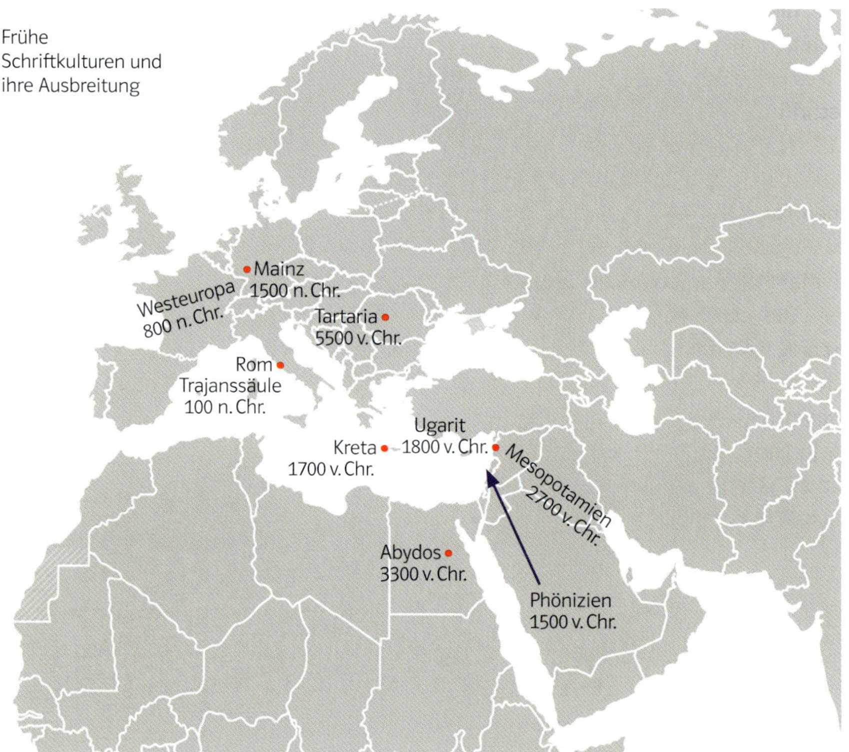

Hieroglyphen im Abydos Tempel, Madfuna, Ägypten

Tontafel mit Keilschrift aus der Regierungszeit von Amar-Sin um 2040 v. Chr.

Der Stein von Rosette, Fragment einer Stele von 196 v. Chr. Oben Hieroglyphen, in der Mitte Demotisch, unten Altgriechisch. Durch die dreigeteilte Inschrift konnten die ägyptischen Hieroglyphen entschlüsselt werden.

5500 v. Chr. Die erste europäische Schrift findet sich eingeritzt in Tontafeln (Tartaria im rumänischen Transsylvanien).

3300 v. Chr. Die ersten altägyptischen Hieroglyphen werden auf einem Königsfriedhof gefunden (Abydos).

2700 v. Chr. Die ersten Beispiele einer sumerischen Keilschrift finden sich in Mesopotamien.

1800 v. Chr. In der Gegend der syrischen Hafenstadt Ugarit verschmelzen die minoische Linearschrift A und die mykenisch-griechische Linearschrift B miteinander.

1700 v. Chr. Auf Kreta entwickelt sich eine eigenständige Hieroglyphenschrift.

1500 v. Chr. In Phönizien entsteht ein Alphabet mit 22 Buchstabenzeichen.

600 v. Chr. Eine Alphabetschrift gelangt über die Etrusker zu den Latinern, woraus die Römer das lateinische Alphabet entwickeln.

Um Christi Geburt Die Capitalis Monumentalis besteht nur aus Versalien (#Majuskeln) mit den für sie charakteristischen Serifen.

100 Das berühmteste Beispiel der Capitalis Monumentalis ist die Inschrift auf dem Sockel der Trajanssäule in Rom. Aus der in Stein gemeißelten Schrift entwickeln sich zwei handschriftliche Varianten: zum einen die Capitalis Quadrata für Pergamenthandschriften, die bis ins 6. Jh. für Prachtbände verwendet wird, zum anderen die Capitalis Rustica als ›Alltagsschrift‹. Durch Kriege und Feldzüge verbreitet sich diese Schrift in Europa.

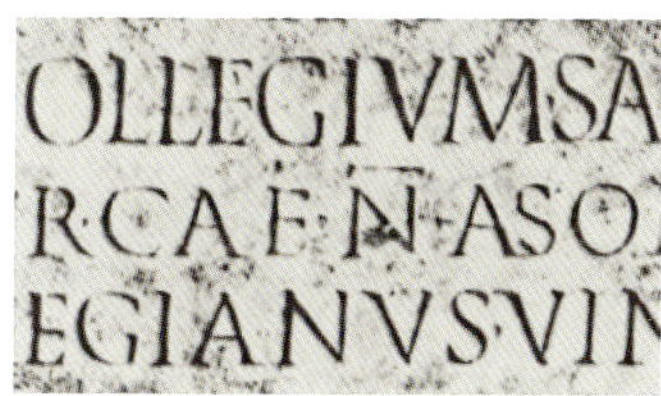

Capitalis Monumentalis 117–138 Weihinschrift in Rom. Die Schrift besteht nur aus Majuskeln, ohne Silbentrennung und Wortabstände, oft nur Hinweise auf römische Ziffern (hier als Strich darüber). Typisch sind die Serifen. Die Buchstaben wurden mit einem Pinsel vorgezeichnet und dann in den Stein gemeißelt. Heute gibt es diese Schrift, mit Kleinbuchstaben und Schriftschnitten ergänzt, für Satzsysteme.

Capitalis Monumentalis, ca. 100

Capitalis Quadrata aus Vergil, *Georgica*, 704–721. In dieser Majuskelschrift wurden Pergamenthandschriften nach strengen geometrischen Formen mit der Feder geschrieben.

Capitalis Rustica (lat. ländllch, bäuerlich) im *Vergilius Vaticanus*, 5./6. Jh. Im Gegensatz zur Capitalis Quadrata lassen sich die Formen schneller schreiben, weil sie runder und schmaler sind.

300 Die Uncialis (Unziale) entsteht als erste Schrift mit Rundungen durch einen Wechsel des Beschreibstoffes von Papyrus zu Pergament und des Schreibwerkzeugs von pflanzlichem Rohr zum Federkiel. Die Uncialis wird bis ins 8. Jahrhundert als Buchschrift verwendet.

400 Als ›Alltagsschrift‹ entsteht die Semiuncialis (Halbunziale).

800 Durch die karolingische Schreibreform unter Karl dem Großen (747/8–814) entsteht in Westeuropa eine gut schreib- und lesbare Schrift: die Karolingische Minuskel (die sog. Carolina).

1000 Kommt es zum Wandel von der romanischen Minuskelform zur Gotischen Minuskel (Carolina-Gotica).

1200 Die Carolina-Gotica ist die Grundlage der Gebrochenen Schriften. Daraus entwickelt sich die Textura, die bis ins 15. Jahrhundert für Handschriften verwendet wurde und Gutenberg als Vorbild für seine Schrift in der Bibel diente. Über die humanistische Minuskel entwickeln sich die Kleinbuchstaben der heutigen lateinischen Schriften.

Die ersten arabischen Ziffern (sogenannte Mediävalziffern) finden im 12. Jahrhundert in Europa zunehmend Verbreitung und lösen bis zur Spätrenaissance nach und nach das römische Zahlensystem ab.

1452–54 entwickelt Johannes Gutenberg den Buchdruck mit beweglichen Lettern.

Unciale, Majuskelschrift 4. Jh., vermutlich aus römischer Kursive entstanden

Halbunciale, 5. Jh., vermutlich aus römischer Minuskelkursive entstanden

Karolingische Minuskel, Mitte 8. Jh.

3.2 Entwicklung der lateinischen Schriften

Auch die Entwicklung der lateinischen Schriften ist nicht linear verlaufen. Es kamen immer wieder neue Schriften hinzu, während ältere weiter existierten oder irgendwann verschwanden.

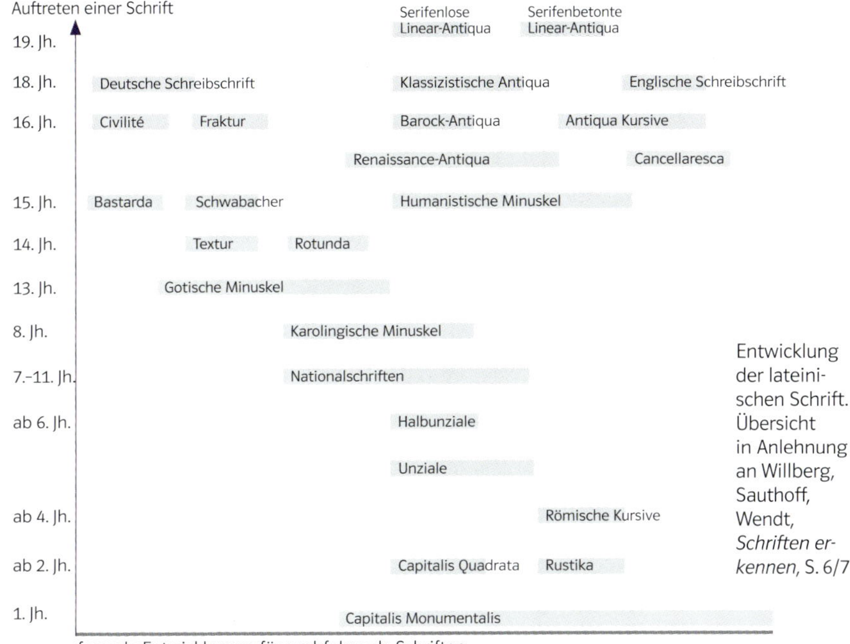

Entwicklung der lateinischen Schrift. Übersicht in Anlehnung an Willberg, Sauthoff, Wendt, *Schriften erkennen*, S. 6/7

Entstehung der Kursiven

Jede Satzschrift wurde zunächst für sich geschrieben und seit Gutenberg geschnitten (Kap. 3.3). Aus der Römischen Kursive entwickelte sich die Kursive als eigenständige Schrift. Im 17. Jahrhundert begannen französische Schriftschneider die Geradstehende und Kursive mit gemeinsamen Merkmalen zu entwickeln.

Eine Schrift von Aldus Manutius, Venedig 1502

Die Bembo eine Renaissance Antiqua aus Venedig.
Die Bembo eine Renaissance Antiqua aus Venedig.

Die Bembo wurde 1496 in Venedig in der Werkstatt von Aldus Manutius von Francesco Griffo entworfen und 1929 für Monotype neu gezeichnet und mit #Schriftschnitten versehen.

3.3 Schriftschnitt

Unter #Schriftschnitt werden verschiedene Varianten einer Schrift verstanden. Diese unterscheiden sich durch ihre Stärke, Lage oder Breite. Zum Beispiel:
Walbaum Plain
Walbaum Plain Italic
Walbaum Bold
Walbaum Bold Italic
WALBAUM CAPS

Im Laufe der Zeit entstehen immer mehr Schnitte zu einer Schrift. Dabei können gleiche Schriftschnitte unterschiedliche Bezeichnungen haben.

- Schriftstärke zum Beispiel:
  leicht, mager, light
  roman, normal, buch, regular
  halbfett, semibold, demibold
  fett, bold
- Schriftlage, zum Beispiel:
  kursiv, italic
  normal, regular, recte, roman
- Schriftbreite (die #Dickte), zum Beispiel:
  schmal, condensed, narrow
  normal, regular
  breit, expanded
- Sonderformen, zum Beispiel:
  Kontur, outline
  schattiert, shaded
- Außerdem können die Schriften durch Nummern bezeichnet werden, wie zum Beispiel die Frutiger:
  Frutiger Roman 55
  Frutiger Italic 56
  Frutiger Bold 65
  Frutiger Bold Italic 66

Wenn Schriften professionell genutzt werden, müssen diese gekauft werden, da mit ihnen auch die Nutzungs- und Veröffentlichungsrechte verbunden sind. Weil im Print- und Digitalbereich unterschiedliche Regeln für Veröffentlichungen gelten, ist es ratsam, sich zu informieren.

Auch wenn Satzprogramme in der Lage sind, aus einer geradstehenden eine schräg gestellte Schriftform oder sogar #Kapitälchen zu generieren, so können diese den echten #Schriftschnitten in keiner Weise gerecht werden, weil sie von Schriftdesignern nicht entsprechend ihrem Charakter mitentworfen wurden und dadurch schlechter lesbar sind. Hier ein Vergleich in der Schrift Walbaum.

falsch

kursiv/italic – kursiviert

Wird die Walbaum plain mithilfe der Software *kursiviert*, dann werden die Schriftzeichen um einige Grad *nach rechts geneigt*. Das ergibt keine echte Kursive. Diese hat rundere Formen und sogar andere Buchstabenformen, z. B. k, a und v. …

richtig

kursiv/italic als echter Schnitt

Wird für eine kursive Auszeichnung hingegen der *echte Schriftschnitt* verwendet, ist dieser dem Schriftbild angepasst, wirkt weder störend noch steif und unterscheidet sich trotzdem deutlich von der Grundschrift. Die Buchstabenformen sind runder, …

falsch

KAPITÄLCHEN/CAPS – ALS UNECHTER SCHNITT

Werden die Kapitälchen der WALBAUM PLAIN mithilfe der Software erzeugt, werden die Versalien entsprechend der KLEINBUCHSTABEN prozentual verkleinert. Dadurch ist die Strichstärke dünner, und die Buchstaben sind schmaler, so dass sie nicht mehr passend wirken/aussehen.

richtig

KAPITÄLCHEN/CAPS – ALS ECHTER SCHNITT

Für den echten Schriftschnitt der WALBAUM PLAIN CAPS werden die Versalien entsprechend der Schrift in der Größe der KLEINBUCHSTABEN entworfen, so dass die Strichstärke gleich bleibt. Außerdem laufen diese Buchstaben breiter, so dass sie sich der Optik der Kleinbuchstaben anpassen.

MEDIÄVALZIFFERN
1234567890

Mediävalziffern

311145
57890
11901
3456

Die #Mediävalziffern haben Ober- und Unterlängen, sowie unterschiedliche Breiten. Sie folgen damit der Höhe und Breite von Kleinbuchstaben und passen sich dem Bild der Grundschrift gut an.

Normalziffern
1234567890

Normalziffern/Versalziffern/Tabellenziffern

311145
57890
11901
3456

Die Normalziffern haben die Höhe und Breite der Versalien einer Schrift und werden für Tabellen und Rechenoperationen verwendet.

Schriftfamilie

Gibt es für eine Schrift verschiedene Schnitte, wird dies als Schriftfamilie bezeichnet. Seit den 1950er Jahren nimmt die Zahl der Schnitte bei neuen Schriften zu. Hier die Frutiger, eine serifenlose Linear-Antiqua, die 1975 von Adrian Frutiger (1928–2015) entworfen wurde.

Frutiger 47 Light Condensed
Frutiger 57 Condensed
Frutiger 67 Bold Condensed
Frutiger 77 Black Condensed
Frutiger 87 Extra Black Condensed
Frutiger 45 Light
Frutiger 46 Light Italic
Frutiger 55 Roman
Frutiger 56 Italic
Frutiger 65 Bold
Frutiger 66 Bold Italic
Frutiger 75 Black
Frutiger 76 Black Italic
Frutiger 95 Ultra Black

Die Univers gibt es seit 1997 in 63 Schriftschnitten von Ultra Black (links unten) bis Light Condensed (rechts oben)

Für Bücher, Zeitschriften, wissenschaftlichen Satz mit komplexen Inhalten und Strukturen werden oft Schriften mit unterschiedlichen Schnitten und Sonderzeichen, Akzenten, phonetischen Zeichen, Lautschrift, sowie Zeichen für Mathematik und Chemie, nichtlateinische Schriften (z. B. kyrillisch und griechisch) oder astrologische Sonderzeichen benötigt. Dafür gibt es gut ausgebaute Schriften wie z. B. die Times.

Außerdem stehen inzwischen sogenannte flexible Schriften zur Verfügung. Diese können stufenlos sowohl in der Höhe als auch in der Breite verändert werden.

Flexible Schriften können beliebig in Höhe und Breite verändert werden.

Schriftsippe

Eine Schriftsippe umfasst nicht nur verschiedene Schnitte einer Schrift (z. B. Times regular, bold, italic, bold italic), sondern eine Gruppe zusammengehörender Schriften, die die gleichen Grundformen und Proportionen besitzen. Oft gibt es sie mit unterschiedlichen Schriftfamilien, wie z. B. mit Serifen (Serif) und serifenlos (Sans). Diese lassen sich gut für das Corporate Design verwenden. Aber auch bei Büchern mit vielfältigen Strukturen, wie z. B. Schulbüchern, Sachbüchern und wissenschaftlichen Büchern (Kap. 2.5) können Schriftmischungen hilfreich sein, da sie die Unterscheidung und das Aufnehmen der Inhalte vereinfachen.

Ein Beispiel ist die Thesis mit den Schriften TheSans (ohne Serifen), TheMix (zum Teil mit Serifen) und TheSerif (mit Serifen), von Luca de Groot 1994 entworfen, oder auch die Legacy Sans und Legacy Serif.

Schriftsippe am Beispiel der Thesis

The Sans	The Mix	The Serif
ExtraLight	ExtraLight	ExtraLight
ABCDEFGHIJKLMNOPQRS	ABCDEFGHIJKLMNOPQRS	ABCDEFGHIJKLMNOPQRS
abcdefghijklmnopqrstuv	abcdefghijklmnopqrstuv	abcdefghijklmnopqrstuv
abcdefghijklmnopqrstuvw	*abcdefghijklmnopqrstuvw*	*abcdefghijklmnopqrstuv*
ABCDEFGHIJKLMNOPQRSTU	ABCDEFGHIJKLMNOPQRSTU	ABCDEFGHIJKLMNOPQRSTU
ABCDEFGHIJKLMNOPQRSTUV	*ABCDEFGHIJKLMNOPQRSTUV*	ABCDEFGHIJKLMNOPQRSTU
Plain	Plain	Plain
ABCDEFGHIJKLMNOPQRS	ABCDEFGHIJKLMNOPQRS	ABCDEFGHIJKLMNOPQRS
abcdefghijklmnopqrstuv	abcdefghijklmnopqrstuv	abcdefghijklmnopqrstuv
abcdefghijklmnopqrstuv	*abcdefghijklmnopqrstuv*	*abcdefghijklmnopqrstuvw*
ABCDEFGHIJKLMNOPQRSTU	ABCDEFGHIJKLMNOPQRSTU	ABCDEFGHIJKLMNOPQRST
ABCDEFGHIJKLMNOPQRSTU	*ABCDEFGHIJKLMNOPQRSTU*	ABCDEFGHIJKLMNOPQRST
SemiBold	**SemiBold**	**SemiBold**
ABCDEFGHIJKLMNOPQRS	**ABCDEFGHIJKLMNOPQRS**	**ABCDEFGHIJKLMNOPQRS**
abcdefghijklmnopqrstuv	**abcdefghijklmnopqrstuv**	**abcdefghijklmnopqrstuv**
abcdefghijklmnopqrstuv	***abcdefghijklmnopqrstuv***	***abcdefghijklmnopqrstuvw***
ABCDEFGHIJKLMNOPQRSTU	**ABCDEFGHIJKLMNOPQRSTU**	**ABCDEFGHIJKLMNOPQRST**
ABCDEFGHIJKLMNOPQRSTU	***ABCDEFGHIJKLMNOPQRSTU***	***ABCDEFGHIJKLMNOPQRST***
Bold	**Bold**	**Bold**
ABCDEFGHIJKLMNOPQRS	**ABCDEFGHIJKLMNOPQRS**	**ABCDEFGHIJKLMNOPQRS**
abcdefghijklmnopqrstuv	**abcdefghijklmnopqrstuv**	**abcdefghijklmnopqrstuv**
abcdefghijklmnopqrstuv	***abcdefghijklmnopqrstuv***	***abcdefghijklmnopqrstuv***
ABCDEFGHIJKLMNOPQRSTU	**ABCDEFGHIJKLMNOPQRSTU**	**ABCDEFGHIJKLMNOPQRST**
ABCDEFGHIJKLMNOPQRSTU	***ABCDEFGHIJKLMNOPQRSTU***	**ABCDEFGHIJKLMNOPQRST**

3.4 Schriftübersicht

DIN-Klassifikation der Druckschriften

Für die Wahl der passenden Schrift für ein Buch ist es wichtig, die verschiedenen Schriften und ihre Wirkungen zu kennen. Eine Möglichkeit bietet die DIN-Klassifikation. Hier werden die Schriften nach ihrer Entstehungszeit und ihrem Charakter in 11 Gruppen geordnet.

Gruppe I: Venezianische Renaissance-Antiqua
Gruppe II: Französische Renaissance-Antiqua
Gruppe III: Barock-Antiqua
Gruppe IV: Klassizistische Antiqua
Gruppe V: Serifenbetonte Linear-Antiqua
Gruppe VI: Serifenlose Linear-Antiqua
Gruppe VII: Antiqua-Varianten
Gruppe VIII: Schreibschriften
Gruppe IX: Handschriftliche Antiqua
Gruppe X: Gebrochene Schriften
Gruppe XI: Fremde Schriften – Kyrillisch, Japanisch, Arabisch etc.

Venezianische Renaissance-Antiqua (Gruppe I)

Centaur

- Strichstärkenunterschiede sehr gering,
- Achse der Rundungen deutlich nach links geneigt,
- Querstriche sind beim ›e‹ schräg e,
- Serifen wenig ausgerundet.

Französische Renaissance-Antiqua (Gruppe II)

Bembo

- Strichstärkenkontrast ausgeprägter als bei Gruppe I,
- Achse der Rundungen deutlich nach links geneigt,
- gerundete Übergänge bei Serifen.

Barock-Antiqua (Gruppe III)

Times

- Ansatz bei den Serifen fast gerade,
- Symmetrieachse fast senkrecht,
- ausgeprägter Strichstärkenkontrast.

Klassizistische Antiqua (Gruppe IV)

Walbaum

- waagerechter Ansatz der Serifen,
- feine Serifen (›Haarstriche‹),
- senkrechte Symmetrieachse der Rundungen,
- deutlicher Strichstärkenkontrast.

Für die Gruppen I–IV gibt es drei Merkmale, nach denen die Antiquaschriften unterschieden werden können.

Venezianische Renaissance-Antiqua	Französische Renaissance-Antiqua	Barock-Antiqua	Klassizistische Antiqua
Serifen			
Schneidler Grundstrich und Serifen (Ansatz mit Kehlung) wenig unterschiedlich; schräger Strich beim ›e‹	Garamond Grundstrich und Serifen (Ansatz mit Kehlung) wenig unterschiedlich; gerader Strich beim ›e‹	Caslon Grundstrich und Serifen (Ansatz mit deutlicher Kehlung) deutlicherer Unterschied	Bodoni Grundstrich und Serifen (Haarstriche) deutlich unterschiedlich; Ansatz rechtwinklig
Achsstellung der Rundungen			
Bembo schräge Achsstellung der Rundungen		Times fast senkrechte Achsstellung der Rundungen	Walbaum senkrechte Achsstellung der Rundungen
Fett-Fein-Kontrast Der Unterschied der Strichstärke der Buchstaben wird im Laufe der Jahrhunderte immer ausgeprägter.			
geringer Fett-Fein-Kontrast		stärkerer Fett-Fein-Kontrast	starker Fett-Fein-Kontrast

Serifenbetonte Linear-Antiqua (Gruppe V)

Caecilia

- wird auch als ›Egyptienne‹ bezeichnet,
- stark betonte Serifen,
- meist einheitliche oder schwach unterschiedliche Strichstärken.

Serifenlose Linear-Antiqua (Gruppe VI)

Helvetica

- wird auch als ›#Grotesk‹ bezeichnet,
- Fast kein Strichstärkenkontrast,
- Keine Serifen,
- Symmetrieachse bei Rundungen senkrecht.

Antiqua-Varianten (Gruppe VII)

ASHLEY INLINE

- Schriften, die nicht den Gruppen I–VI zuzuordnen sind,
- oft Versalschriften für dekorative Zwecke.

Schreibschriften (Gruppe VIII)

Schulschrift

- von lateinischen Handschriften abgeleitet,
- Buchstaben sind miteinander verbunden.

Handschriftliche Antiqua (Gruppe IX)

Erikrighthand

- Schriften von Antiqua abgeleitet,
- wandeln das Alphabet in persönlicher Weise handschriftlich ab.

Gebrochene Schriften (Gruppe X)

Walbaum Fraktur

- Es gibt vier Gruppen: Gotisch, Rundgotisch, Schwabacher und Fraktur. Bei allen sind die Rundungen gebrochen.
- Schriften haben in West- und Mitteleuropa lange parallel zur Antiqua existiert.

Fremde Schriften (Gruppe XI)

Кириллица

- Bilderschriften, griechische und kyrillische Schriften,
- außereuropäische Alphabetschriften.

Schriftenmatrix

Diese Übersicht ordnet die Schriften nach ihrem Stil und ihrer Form und ist damit eine Grundlage für den richtigen Einsatz einer Schrift, aber auch für den gekonnten Umgang mit Schriftmischungen. In der senkrechten sind die Schriften nach ihrem Stil angeordnet, z. B. dynamisch, statisch, geometrisch etc. Alle Schriften innerhalb einer Spalte lassen sich gut mischen. Die Begriffe der Form (Antiqua, Antiqua-Varianten, Grotesk etc.) sind an die Kategorien der DIN-Klassifikation angelehnt. Hier sollte innerhalb einer Zeile besser nicht gemischt werden.

Stil / Form	Dynamisch Humanistisches Formprinzip, zum Beispiel	Statisch Klassizistisches Formprinzip, zum Beispiel	Geometrisch Konstruiertes Formprinzip, zum Beispiel
Antiqua (Serif) mit Strichstärkenkontrast, mit Serifen	Garamond	Walbaum	–
Antiqua-varianten mit Strichstärkenkontrast, keine Serifen	The Sans	Optima	–
#Grotesk (Sans Serif) gleichmäßige Strichstärke, keine Serifen	Frutiger	Arial	Futura
Egyptienne (Slab Serif) gleichmäßige Strichstärke, kräftige Serifen	Caecilia	Clarendon	Rockwell
Schreibschriften (Script)	Zapf Chancery	Beaufinger	–

Schriftenübersicht in Anlehnung an H.P. Willberg in *Wegweiser Schrift*

3.5 Auszeichnungen

Beispieltext unten: Stempel Garamond 8,7/11 pt

Hervorhebungen innerhalb von Texten nennt man #Auszeichnungen. Hierbei sollte man bereits vor der Entscheidung für einen #Schriftschnitt wissen, ob die Textstelle auffallen soll, also aktiv ist, oder sie sich inhaltlich und damit auch gestalterisch unterordnen soll, also passiv ist.

#Initial
italic/kursiv

Die klassische Auszeichnungsmöglichkeit im fortlaufenden Satz ist die *kursive Variante* der Grundschrift. *Kursive Schriften* werden etwas weniger rasch gelesen als normale und in größeren Mengen von den Lesern nicht goutiert. Sparsam eingesetzt haben sie jedoch den Vorteil, [...] die Aufmerksamkeit des Lesers zu wecken [...].

#Kapitälchen/Versalien

Ähnlich verhält es sich mit den KAPITÄLCHEN, das sind VERSALIEN mit ungefähr der gleichen Größe wie die Mittellängen der Kleinbuchstaben. Sie können nicht – wie das einige Schriftanbieter und -anwender immer noch glauben – durch Versalien eines kleineren Grades ersetzt werden! Ob Kapitälchen gesperrt sein sollen oder nicht, ist eine Streitfrage; nach M e i n u n g d e s A u t o r s muß sie je nach Schriftart anders beurteilt werden. In der Regel wird die Lesbarkeit allerdings spürbar besser, wenn Kapitälchen leicht gesperrt und mindestens grob ausgeglichen sind. Groß geschriebene Worte erfordern auch im Kapitälchensatz Versalien der Grundschrift.

gesperrt

fett
unterstrichen
farbig
hinterlegt

Andere Auszeichnungen – Versalsatz, die halbfette oder **fette Variante** der Grundschrift, Unterstreichen, größerer Grad, anderer Schrifttyp, Einsatz einer zweiten Farbe – ergeben ein unruhiges Satzbild und hemmen das lineare Lesen. Sie können jedoch in Nachschlagewerken und didaktischer Literatur zweckmäßig sein oder in experimentellen Büchern erfrischend wirken. [...]

Jost Hochuli, *Das Detail in der Typografie*, S. 39

passiv	aktiv
italic (kursiv)	unterstrichen
KAPITÄLCHEN	VERSALIEN
leicht gesperrt	d e u t l i c h g e s p e r r t
condensed	**bold (fett)**
light	farbige Hervorhebungen

Schriftmischungen können sowohl passiv als auch aktiv sein. Eine Überprüfung an einem Ausdruck bietet sich an und ist immer hilfreich.

Auch Ziffern können aktiv oder passiv wirken.

Normalziffern	Mediävalziffern
1234567890	1234567890

3.6 Mikrotypografie

Die Mikro- oder Detailtypografie dient der guten Lesbarkeit aller Texte – egal ob es sich um belletristische Fließtexte, wissenschaftlichen Satz oder Bildlegenden handelt. Sie definiert in den Satzregeln, was sich zwischen den Buchstaben, Satzzeichen und Worten ›abspielt‹. Hierunter fällt auch die Anordnung von Zahlen bei Datumangaben, Kontonummern etc. Der folgende Text verdeutlicht dies exemplarisch.

Beispieltext unten: Stempel Garamond 8,7/11 pt

Da das Auge des erwachsenen Lesers während der ›Fixationsperiode‹ keine Einzelbuchstaben, sondern Wortbilder – oder Teile derselben – registriert, liegt es auf der Hand, dass diese im Leseprozess eine besonders wichtige Rolle spielen. Bei einer gut lesbaren Druckschrift sind die Einzelbuchstaben immer im Hinblick auf ihre Wirkung im Wortbild gezeichnet. Sie müssen sich *bei deutlicher Unterscheidbarkeit* untereinander bestmöglich ins Wortganze einfügen.
Größere Textmengen werden […] mit Kleinbuchstaben gesetzt, zu denen für Satz- und einzelne Wortanfänge VERSALIEN treten. MITTELLÄNGEN, Ober- und Unterlängen unserer Kleinbuchstaben ergeben charakteristische Wortumrisse, die durch den I-Punkt und die Punkte der Umlaute, durch die spezielle Höhe des t und selbstverständlich durch die jedem Buchstaben eigene Kontur weiter differenziert werden. […]
Die deutliche Ausbildung der Ober- und Unterlängen ist deshalb ein wichtiges Postulat. Es wird nicht nur erfüllt durch genügende Länge, sondern auch durch charakteristische Zeichnung, z. B. der Serifen. […]
Jost Hochuli, *Das Detail in der Typografie*, S. 25

französische ›Anführungen‹ Alternativen: ‹…› oder „…"

Gedankenstrich Einschübe im Satz mit Abstand davor und danach

echte Kursive bei #Auszeichnungen

Versalien und #Kapitälchen ausgleichen

Auslassungspunkte als echtes Zeichen mit Wortabstand davor, wenn es komplette Worte sind

bei Abkürzungen verringerter Festabstand

Ligaturen

#Ligaturen sind Buchstabenverbindungen, die entweder aus zwei (selten auch aus drei) Buchstaben bestehen, die sich sonst ›behindern‹ würden. Typisch sind Verbindungen mit ›f‹, z. B. ff, fl, ft, fi, aber je nach Schrift auch andere Varianten. Auch das &-Zeichen ist eine Ligatur.

f i = ﬁ oder f l = ﬂ   e + t = &

Ligaturen aus der Times New Roman

3.7 Schriften für elektronische Lesegeräte

Um Schriften an Bildschirmen gut lesen zu können, sollten sie folgenden Anforderungen genügen:

- Ausgangsschriftgröße max. 10 pt,
- Schnitt Regular (normal) verwenden, fette Schnitte vorher prüfen,
- Italic-Schnitte nur in großen Größen,
- keine light- und condensed-Schnitte,
- nur extra angepasste Serifenschriften benutzen,
- offene Innenräume bevorzugen, d. h. enge Stellen, z. B. beim e oder a, die gerne zulaufen, vermeiden,
- weite Laufweite, die Buchstaben sollten zueinander genügend Abstand haben,
- Schriften müssen auch in kleinen Graden gut lesbar sein,
- #OTF-Fonts (OpenType Font) verwenden, denn diese sind vektorbasiert und dadurch skalierbar und plattformunabhängig.

Für E-Books ist nur ein eingeschränkter Fundus an Schriften vorhanden, allerdings erweitert sich die Auswahl ständig. Meistens sind die Serifenschriften der Times und die serifenlosen Schriften der Helvetica ähnlich.

Hausschriften, die u.a. bei Buchreihen oder im Rahmen des Corporate Design Verwendung finden, können in die jeweilige Font-Datei bzw. in die E-Pub-Verzeichnisstruktur eingebettet werden; in der CSS (Kap. 4.5) wird darauf verwiesen. Hierbei gilt es unbedingt, die Lizenzrichtlinien einzuhalten – aktuell gibt es drei Lizenzstufen: Grundlizenzen bis 500 000, bis 5 Mio. oder bis 50 Mio. Pageviews/Monat –, oder man greift auf Free Fonts zurück. Außerdem ist zu prüfen, ob Sonderzeichen richtig dargestellt werden.

Beispiele für professionelle Schriftsuche

links eine Suchmaske von Fontshop, rechts von Linotype

3.8 Schriftgröße, Durchschuss und Zeilenabstand

Grundlegend ist das typografische Maßsystem – der #Punkt. In dieser Maßeinheit werden Schriftgröße, Zeilenabstand, Linienstärken etc. angegeben. Weitere Größen in diesem nichtdezimalen Maßsystem sind Cicero (= 12 pt) und Konkordanz (= 4 Cicero).

Der traditionelle ›Didot-Punkt‹ (pt) beträgt 0,376 mm. Durch dieses Maß ist es möglich, feine Abstufungen bei Schriftgröße und Zeilenabstand vorzunehmen. Eine Schriftgröße von 10,5 pt entspricht im dezimalen Maßsystem 3,948 mm. Der Satzspiegel (also Breite und Höhe der bedruckten Fläche der Seite) wird in mm angegeben.

Der Zeilenabstand wird durch den Abstand von Schriftlinie zu Schriftlinie definiert. Er beinhaltet also die Schriftgröße und den Durchschuss. Beide dienen dazu, die Schrift dem Inhalt und der Zielgruppe entsprechend gut lesbar zu machen. Außerdem müssen Schrift und Zeilenabstand auf Papier und Druckverfahren abgestimmt sein.

Durchschuss (zusätzlicher Zeilenabstand)

Schriftgröße
Da jeder Buchstabe ›Fleisch‹ hat (Abstand rund um den Buchstaben) ist die Schriftgröße höher, als die optisch messbare Höhe.

Zeilenabstand = Schriftgröße + Durchschuss (gemessen von Schriftlinie zu Schriftlinie)

Blick auf eine Kolumne mit Durchschuss und Blindmaterial (Wortabstände und Raum am Absatzende)

Der Zeilenabstand wird durch den Abstand
von Schriftlinie zu Schriftlinie definiert. Er
beinhaltet also die Schriftgröße und den
Durchschuss. Beide dienen dazu, die Schrift
dem Inhalt und der Zielgruppe entsprechend
gut lesbar zu machen.

Schriftlinie
Zeilenabstand
Durchschuss (rot)
Schriftgröße (hellrot)

Oberlänge
Mittellänge (x-Höhe)
Unterlänge

Die Grundschrift dieses Textes (Polo 11R Buch, 9,5 pt) ist kompress gesetzt, also ohne Durchschuss. So ist er schlecht lesbar und ergibt einen sehr hohen Grauwert, also eine dunkle #Kolumne.

Wie schon das Wort, so muss auch die Zeile einen möglichst gleichmäßigen Grauwert für eine gute Lesbarkeit besitzen. Richtige Wortzwischenräume, durchschnittlich ein Drittel der Schriftgröße, fördern die Qualität des Lesens. Im flatternden Satz, bei dem der Restwert der Zeilenbreite am Zeilenschluss frei bleibt, sind die Wortabstände alle gleich. Bei größerem Textumfang, hat sich über Jahrhunderte eine bestimmte Leseweise herausgebildet.
R. P. Gorbach, *Typografie professionell*

Polo 11R Buch, 9,5/12,75 pt, wie in diesem Text verwendet. Dies ergibt eine gut lesbare Seite mit angenehmem Grauwert.

Wie schon das Wort, so muss auch die Zeile einen möglichst gleichmäßigen Grauwert für eine gute Lesbarkeit besitzen. Richtige Wortzwischenräume, durchschnittlich ein Drittel der Schriftgröße, fördern die Qualität des Lesens. Im flatternden Satz, bei dem der Restwert der Zeilenbreite am Zeilenschluss frei bleibt, sind die Wortabstände alle gleich. Bei größerem Textumfang, hat sich über Jahrhunderte eine bestimmte Leseweise herausgebildet.
R. P. Gorbach, *Typografie professionell*

Polo 11R Buch, 9,5/15 pt. Der größere Durchschuss erzeugt einen sehr leichten Eindruck und ist eher für Belletristik geeignet.

Wie schon das Wort, so muss auch die Zeile einen möglichst gleichmäßigen Grauwert für eine gute Lesbarkeit besitzen. Richtige Wortzwischenräume, durchschnittlich ein Drittel der Schriftgröße, fördern die Qualität des Lesens. Im flatternden Satz, bei dem der Restwert der Zeilenbreite am Zeilenschluss frei bleibt, sind die Wortabstände alle gleich. Bei größerem Textumfang, hat sich über Jahrhunderte eine bestimmte Leseweise herausgebildet.

R. P Gorbach, *Typografie professionell*

Auch durch die Wahl der Schrift kann der Grauwert beeinflusst werden.

Links: Polo Buch 8/9 pt

Rechts: Stempel Garamond Regular 8/9 pt

Der Grauwert ist entscheidend für die Gesamtanmutung und die Lesbarkeit der Seite. Er lässt sich durch das Verhältnis von Schriftgröße zu Zeilenabstand und Satzbreite beeinflussen. Aber natürlich spielt auch die Schrift selbst eine entscheidende Rolle. Die Seite kann dadurch dunkler und schwerer, oder heller und leichter wirken. Über die Wahl der Parameter entscheiden der Inhalt des Titels, z. B. Belletristik oder Fachbuch, und die Zielgruppe, z. B. routinierte Leser oder Leseanfänger, die das Lesen oder eine neue Sprache mit anderen Schriftzeichen erlernen.

Der Grauwert ist entscheidend für die Gesamtanmutung und die Lesbarkeit der Seite. Er lässt sich durch das Verhältnis von Schriftgröße zu Zeilenabstand und Satzbreite beeinflussen. Aber natürlich spielt auch die Schrift selbst eine entscheidende Rolle. Die Seite kann dadurch dunkler und schwerer, oder heller und leichter wirken. Über die Wahl der Parameter entscheiden der Inhalt des Titels, z. B. Belletristik oder Fachbuch, und die Zielgruppe, z. B. routinierte Leser oder Leseanfänger, die das Lesen oder eine neue Sprache mit anderen Schriftzeichen erlernen.

3.9 Layout und Buchaufbau

Als Layout wird der Entwurf für die Doppelseiten eines Buches und anderer Veröffentlichungen entsprechend Inhalt, Zielgruppe und Material bezeichnet. Folgende Angaben müssen definiert sein:

- Größe des beschnittenen #Buchblocks,
- #Satzspiegel/#Kolumne und #Stege (Abbildung unten),
- Stand für Seitenzahlen, lebender Kolumnentitel (der Text ändert sich) oder toter Kolumnentitel (der Text bleibt gleich), #Marginalspalte etc.,
- Schriftart, -größe und #Zeilenabstand für Grundschrift, Überschriften, Legenden etc. entsprechend der inhaltlichen Strukturen,
- Anordnung für Bilder, Legenden und andere Elemente,
- Farbklima für das gesamte Buch, einzelne Kapitel oder eine Reihe.

Wichtig für den Gesamteindruck der Doppelseiten ist, dass bei einem #Blindtext mit der Originalsprache gearbeitet wird, da der Satz in einer Sprache mit vielen Wörtern mit Großbuchstaben (z. B. Deutsch) anders wirkt, als in einer Sprache mit wenigen Großbuchstaben (z. B. Englisch). Außerdem sollen im Entwurf alle Elemente des Buches mindestens einmal vorkommen. Nach der Abstimmung mit dem Auftraggeber werden Musterseiten angelegt und es erfolgt der Umbruch, also der Aufbau aller Seiten mit Hilfe eines Layoutprogramms.

Doppelseite

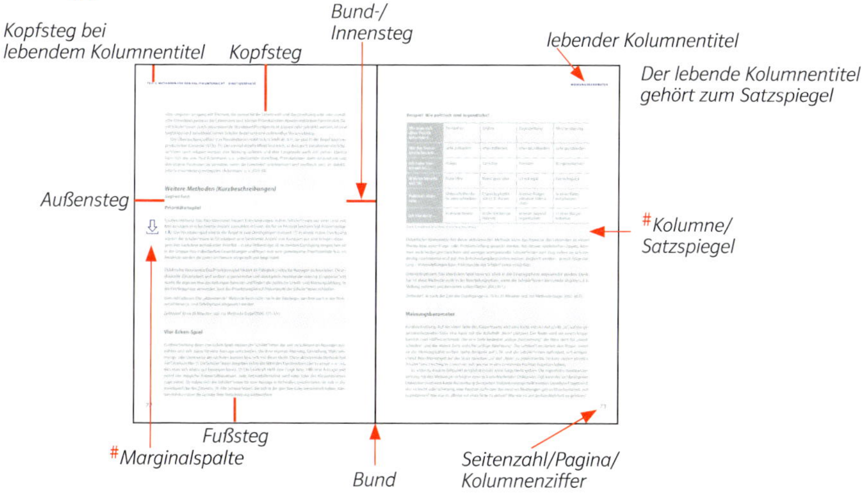

Kopfsteg bei lebendem Kolumnentitel
Kopfsteg
Bund-/Innensteg
lebender Kolumnentitel
Der lebende Kolumnentitel gehört zum Satzspiegel
Außensteg
#Kolumne/Satzspiegel
Fußsteg
#Marginalspalte
Bund
Seitenzahl/Pagina/Kolumnenziffer

Raster und Satzarten

Für Printprodukte, vor allem mehrseitige Publikationen oder Reihen, werden Raster als Ordnungssysteme angelegt. Der Begriff kann sich sowohl auf die Hilfslinien auf der Doppelseite beziehen, als auch auf Gestaltungsraster. Diese orientieren sich bei den meisten Büchern am Satzspiegel und am Grundlinienraster sowie an weiteren vom Gestalter festgelegten Parametern.

Doppelseite mit Grundlinienraster

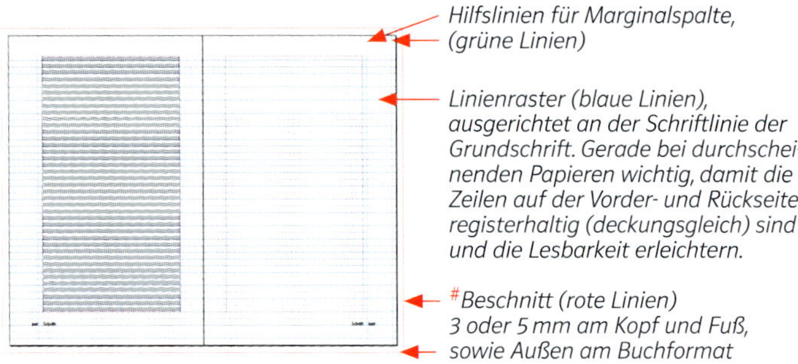

Hilfslinien für Marginalspalte, (grüne Linien)

Linienraster (blaue Linien), ausgerichtet an der Schriftlinie der Grundschrift. Gerade bei durchscheinenden Papieren wichtig, damit die Zeilen auf der Vorder- und Rückseite registerhaltig (deckungsgleich) sind und die Lesbarkeit erleichtern.

#Beschnitt (rote Linien) 3 oder 5 mm am Kopf und Fuß, sowie Außen am Buchformat

Seite ganz rechts: zentrierter Satz, auch axial oder auf Mitte gesetzt

Formsatz, oft einer Abbildungskontur folgend

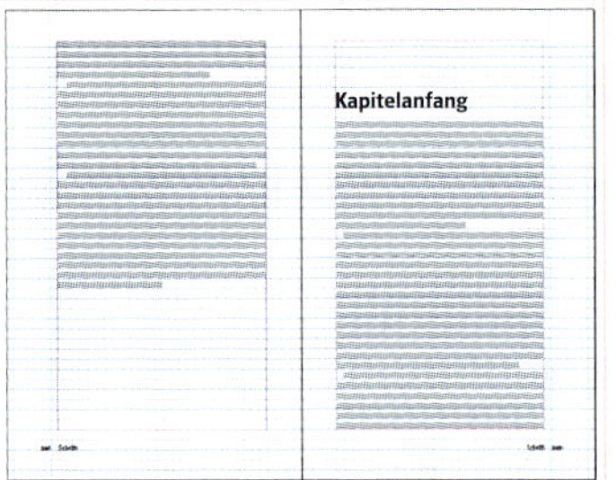

Blocksatz mit Einzügen am Absatzanfang, und abgesenktem Kapitelanfang

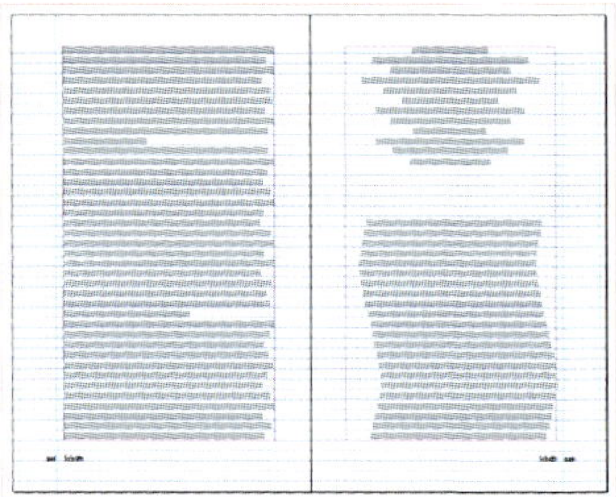

Flattersatz; bei Rauhsatz ist die Flatterzone geringer

Gestaltungsraster (-vorgaben) sollen dem Bildinhalt und der Zielgruppe entsprechen. Auch ein Rhythmus von Doppelseite zu Doppelseite ist wichtig.

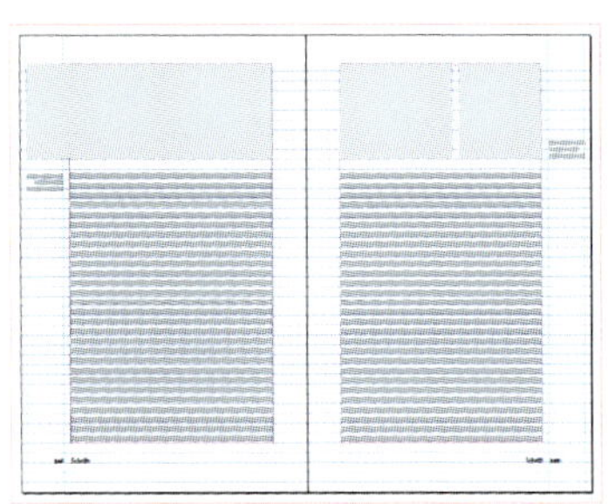

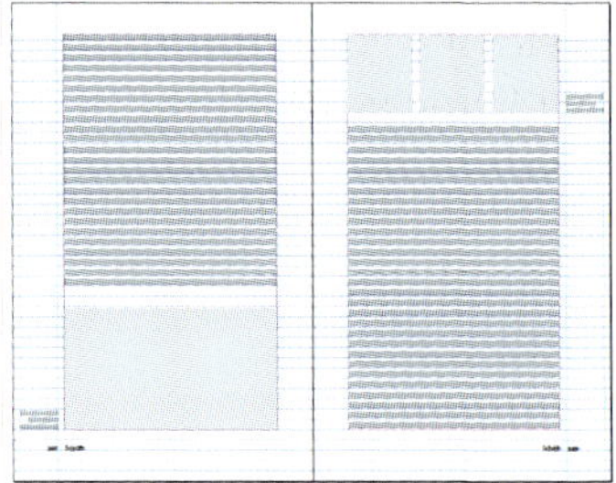

Titelei

Im Gegensatz zu Plakaten oder auch Websites, die immer nur eine Seite darstellen, werden Bücher als Doppelseiten aufgebaut.

Die Spiegelachse liegt im Bundsteg des Buches. Dieser Gestaltung folgen auch die ersten vier Seiten eines Buches, die als #Titelei bezeichnet werden.

Titelei aus der Reihe BRAMANN Basics

Seite 1
Schmutztitel
mit Autor und Titel
des Buches

Seite 2
Schmutztitelrückseite
mit Reihentitel
(auch vakat oder
mit Frontispiz)

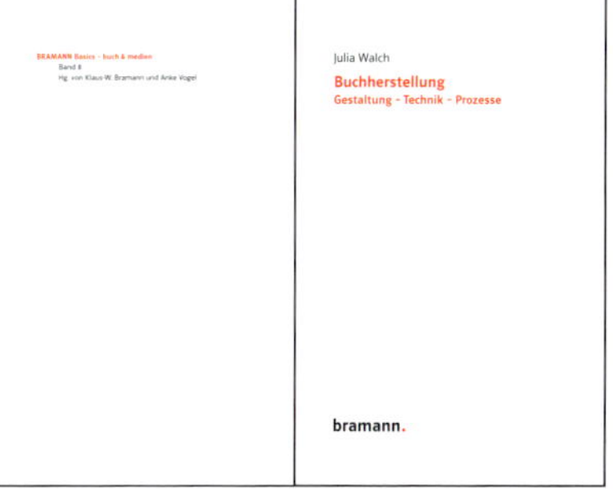

Seite 3
Haupttitel
mit Autor, Titel
und Verlag

Seite 4
Impressum

Den Begriff #Schmutztitel (Seite 1) gibt es seit dem 16. Jahrhundert. Durch diese Seite wurde der aufwändig gestaltete Haupttitel vor Farbabrieb und Verschmutzung geschützt. Seit dem 18. Jahrhundert ist er Bestandteil der #Titelei. Er enthält den Namen des Autors, den Titel oder bei einigen Verlagen auch nur das Logo des Verlages.

Die Seite 2 (Schmutztitelrückseite) kann vakat (unbedruckt, leer) sein, einen Reihentitel enthalten oder mit einem Frontispiz (einer Abbildung, die früher extra gedruckt und eingeklebt wurde) versehen sein.

Auf Seite 3 (Haupttitel) stehen Autoren, der vollständige Titel, der Verlag und unter Umständen auch der Herausgeber. Der Haupttitel kann um Untertitel, Übersetzer, Illustrator und Auflagenzahl ergänzt werden.

Auf Seite 4 steht in den meisten Fällen das Impressum mit folgenden Informationen: Angaben zu Copyright (©), ISBN, DNB-Eintrag, Schutzumschlag, Gestaltung, Grafik, Fotografie, Herstellung, Lektorat/Redaktion, produzierenden Betrieben (Setzerei, Druckerei, Buchbinderei), Papier (Ökosiegel) etc.

Alle Seiten nach dem Impressum folgen der inhaltlichen und gestalterischen Konzeption sowie den Traditionen des Verlages. Dies können u.a. folgende Inhalte sein:

- Widmung und/oder Motto,
- Inhaltsverzeichnis,
- Vorwort oder Einleitung,
- Textbeginn,
- Zwischentitel,
- evtl. Kapitel mit gesondert gestaltetem Kapitelanfang.

Am Ende des Buches:

- Register,
- Anmerkungen, Glossar,
- Verzeichnisse (Autoren-, Literatur-, Quellenverzeichnis),
- Fußnoten,
- Danksagung.

4 Satz

Dieses Buch wurde mit dem Programm InDesign gesetzt, das als das weltweit führende DTP Layout- und Designtool gilt. DTP steht für Desktop Publishing, d.h. für den rechnergesteuerten Satz von integrierten Text- und Bilddateien. Zu jedem Zeitpunkt kann der jeweils aktuelle Stand der Satzarbeiten am Bildschirm dargestellt und an beteiligte Personen oder Stellen digital ohne Medienbruch übermittelt werden. Das zugrunde liegende Prinzip ist auf die WYSIWYG-Formel gebracht worden: ›What you see is what you get‹.

Das Reihenlayout gab #Satzspiegel, #Stege und die Anordnung von Seitenzahl und Kolumnentitel vor. Auch #Schrift, Schriftgröße, #Zeilenabstand, Überschriften und Auszeichnungen sind festgelegt. Eine besondere Herausforderung bestand darin, jede Doppelseite einzeln zu gestalten. Denn definierte Plätze für Abbildungen wurden im Rahmen der vorbereitenden Satzarbeiten bewusst nicht standardisiert festgelegt. Entscheidend hierfür waren zahlreiche, häufig auch doppelseitig angelegte Bilder, Grafiken und Tabellen. Das hatte auch Konsequenzen für das E-Book-Format. Verlag und Setzerin entschieden sich bei ihrer Wahl für das digitale Produkt nicht für das #reflowable E-Book-Format #E-Pub, wo sich die Datei dynamisch an die Bildschirmgröße des Lesegerätes anpasst, sondern für ein sogenanntes #fixed Layout, d.h. für ein PDF (Portable Document Format), das die gestalteten Seiten auf dem Lesegerät nicht verändert.

Nach Satz und Umbruch erfolgten diverse Korrekturgänge, die gleichzeitig der Feinabstimmung dienten. Denn Textpassagen mussten zum Teil gekürzt bzw. gelängt werden und auch manche Abbildungsgröße wurde geändert. Nach den Satzarbeiten wurden die Verlinkungen zum Register erstellt. Um das Inhaltsverzeichnis automatisiert aufzubauen, wurden entsprechende Absatzformate angelegt. Abschließend wurden die Kapitelverweise ergänzt, das Register erstellt und die Begriffe für die Hashtags ausgewählt und im Text ergänzt. Nach der Fertigstellung des gesamten Titels und des Umschlags wurde das Druck-PDF gemäß der Job-Options der Druckerei erstellt. Für das E-Book wurde das PDF mit den Verlinkungen zum Inhaltsverzeichnis und Register generiert.

4.1 Entwicklung der Satzverfahren

Gutenbergbibel B42 (42 Zeilen pro Spalte), ca. 1452–1457

um 1400 wurde Johannes Gutenberg in Mainz geboren, wo er am 3. Februar 1468 auch starb. Gutenberg hat das Setzen mit beweglichen Lettern aus einer Legierung aus Blei, Zinn und Antimon sowie ein spezielles Gießinstrument entwickelt. In Anlehnung an zeitgenössische Handschriften entstand die Schrift Textura. Eine Druckerpresse und die für den Druck benötigte Farbe Schwarz (alle weiteren Farben für #Initialen und Bilder wurden weiterhin manuell hinzugefügt) ergänzten das neuartige Verfahren. Der Handsatz wurde bis weit in das 20. Jahrhundert praktiziert.

Linotypezeile

1886 stellte der aus Deutschland ausgewanderte Ingenieur Ottmar Mergenthaler die erste Zeilengusssetzmaschine, die Linotype, vor. Hier werden an einer Maschine die Texte erfasst und mithilfe von Matritzen ganze Zeilen gegossen.

1897 entwickelte der amerikanische Ingenieur Tolbert Lanston die Monotypesetzmaschine, die den Text erfasst, auf einem Lochstreifen speichert und in einer Gießmaschine einzelne Buchstaben erzeugt.

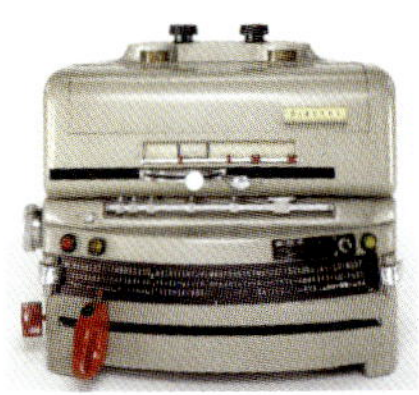

Diatype Handfotosetzmaschine im Einzelbuchstabenverfahren

1893/1894 wurden erste Fotosatzpatente an den Engländer Arthur Ferguson und für den Ungar E. Porzsold vergeben.

1960 präsentierte die Schriftgießerei H. Berthold die von Hugo Heine (1952–1960) entwickelte halbautomatische und mechanische ›Diatype‹. Bei dem Foto- oder Lichtsatz wurden Buchstaben auf einer schwarzen Scheibe ausgespart und auf einen Film belichtet. Dies ermöglichte zum ersten Mal Buchstabenüberschneidungen und -verzerrungen sowie unkomplizierte Satzspiegelüberschreitungen.

1975 experimentierte der Österreicher Hannes Schöllauf mit Mikroprozessorlösungen für Fotosatz.

Satzgestaltungsterminal

1982 entstand ein einfacher Satzcomputer zur Seitengestaltung direkt am Bildschirm.

Parallel dazu wurde von der Firma Adobe die Seitenbeschreibungssprache PostScript entwickelt. Dadurch wurde das DTP (Desktop-Publishing) ermöglicht. Mit Layoutprogrammen (z. B. QuarkXPress, InDesign) werden am Computer einzelne Seiten und ganze Titel aufgebaut und als PDF auf allen Geräten weiter verarbeitet.

4.2 Unterscheidung nach Satzarten

Layoutintensiver Satz

Für aufwändig gestaltete Bücher kommen in den meisten Fällen die Layoutprogramme InDesign oder QuarkXPress zum Einsatz. Damit ist es möglich, jede Seite/Doppelseite inhaltsbezogen und separat zu gestalten und aufzubauen. Typische Projekte sind z.B. Schulbücher, Sachbücher, Kinderbücher und Zeitschriften. Trotzdem sollte auch hier ein Gestaltungskonzept zugrunde gelegt werden, so dass die Gesamt- und Reihengestaltung erkennbar ist.

Am Ende des Satzprozesses wird ein PDF (Portable Document Format) erzeugt, das in jeder #Druckvorstufe oder auch in den digitalen Medien weiter verarbeitet werden kann. Hier ist es ratsam, sich vorher die Job-Options des Druckdienstleisters schicken zu lassen, damit alle Voreinstellungen im PDF für die Druckmaschine und das Papier abgestimmt sind.

Werksatz/Mengensatz

Beim Satz von Werkausgaben, wissenschaftlichen Schriftenreihen oder Nachschlagewerken, also Texten mit differenzierenden Strukturen (Fußnoten, Register, Verweise etc.), können sowohl die oben genannten Programme zum Einsatz kommen als auch eine spezielle Software, die auf der Grundlage von XML (Extensible Markup Language) komplexe Umsetzungen ermöglicht.

Der Rohumbruch wird häufig vollautomatisch aus medienneutralen Daten erzeugt und anschließend von Fachleuten nachbearbeitet. Der Vorteil dieses Workflows besteht in #HTML-basierten Daten (Hypertext Markup Language), die für jedes Ausgabenformat (E-Books, Tablets, Website etc.) weiter verarbeitet werden können.

Wissenschaftlicher Satz/Formelsatz

Für den wissenschaftlichen Satz sind spezialisierte Setzereien mit entsprechenden Satzsystemen nötig. Hier werden mit geeigneten Programmen (z.B. MathType oder InMath) Formelsatz in Mathematik, Physik und Chemie aufgebaut.

4.3 Workflow im Verlag

Die Entscheidung eines Verlages für einen geeigneten Workflow und die damit zusammenhängenden notwendigen Satzsysteme ist abhängig von seinen (künftigen) Publikationen, seiner Zielgruppe und seinen hausinternen Abläufen und Strukturen. Bei den meisten Verlagen gibt es über viele Jahre entstandene Traditionen, die im Hinblick auf die digitale Transformation erweitert werden können, sollten oder müssen. Auf jeden Fall steht die Klärung der Frage an, welche Veröffentlichungen bzw. Ausgabeformate in der Zukunft geplant sind. Dies setzt eine umfassende Analyse sowohl der inhaltlichen Strukturen als auch des Zielmarktes voraus. Außerdem muss das Datenhandling bedacht werden: Sollen die Daten im Verlag erstellt und gepflegt werden oder kommen dafür externe Dienstleister in Frage?

Dazu gehört es auch, die Abläufe im Verlag zu hinterfragen und gegebenenfalls zu modifizieren, denn eine Grundvoraussetzung für einen reibungslosen elektronischen Datenworkflow sind medienneutrale, inhaltlich und technisch saubere Daten. Diese dürfen nur an einer Stelle korrigiert und gepflegt werden, da alle Publikationen auf diese Daten zurückgreifen und von da aus aktualisiert werden.

Beim traditionellen Workflow werden erst die Druckfassung und anschließend als Zweitverwertung die anderen Formate daraus generiert.

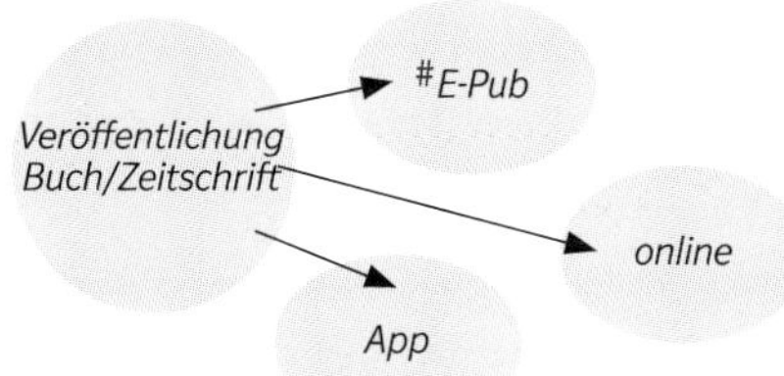

Beim contentzentriert arbeitenden Workflow stehen die neutralen Daten (und die Rechte) im Mittelpunkt. Daraus können alle anderen Formate erzeugt werden. Außerdem kann der Datenstand zentral aktuell gehalten und korrigiert werden. Grafiken in Anlehnung an *Pagina Publikationstechnologien*

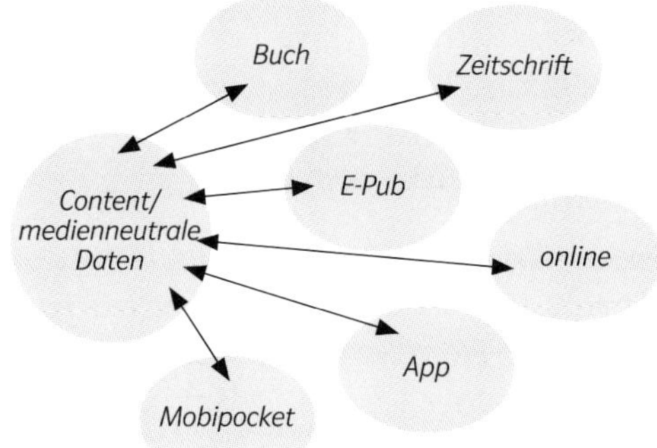

4.4 Digitale Produkte – Layoutmöglichkeiten und Formate

Eine zentrale Frage ist, welche Inhalte mit welchen Layoutvarianten darstellbar sind und mit welchen Readern sie kompatibel sein sollen.

#**Fixed Layout** (festgelegt, feststehend, fixiert) z. B. PDF

- Schrift und Layout am Lesegerät nicht veränderbar,
- geeignet für layoutintensive Inhalte,
- z. B. Bildbände, Comics, Kinderbücher, aufwändig gestaltete Fach- und Lehrbücher.

#**Reflowable E-Books** (fließend) z. B. Mobipocket-Format oder #E-Pub

- Die Texte können am Reader dynamisch umbrochen (gerendert) werden.
- z. B. Belletristik

#**Enriched E-Books** (angereichert)

- z. B. interaktiv, Multimedia, Pop-up, Videos, Audios, Animationen, durchsuchbar etc.

Format: PDF

Vorteile

- präzises Layout möglich,
- sieht auf jedem Endgerät gleich aus,
- zitierfähig wie Print,
- Kennwortschutz möglich,
- interaktiv (Links, Formulare, Unterschriften),
- Standards für Druckproduktion oder Dokumente.

Nachteile

- PDF ist vektorbasiert, nicht inhaltsbasiert,
- statisch, daher auf kleinen Displays oft schwer lesbar,
- wird in vielen E-Book-Shops nicht angeboten.

Format: E-Pub

Vorteile

- läuft auf allen E-Readern,
- Reflowable-Layout: Ändern von Schriftart und -größe je nach Lesegerät,
- inhaltsbasiertes Format,
- Inhalte durch CSS formatierbar,
- basiert auf XHTML und CSS.

Nachteile

- bei Reflowable-Layout ist kein präzises Layout möglich,
- wird auf verschiedenen Readern unterschiedlich dargestellt,
- nur eingeschränkt zitierfähig.

Format: Mobipocket

- französische Tochterfirma von Amazon,
- MobipocketReader (kindle): kostenfreie Software zur Darstellung und Verwaltung von E-Books, Texten und anderen Publikationen auf Readern,
- basiert auf XHTML und CSS.

4.5 Weitere Fachbegriffe

XML

Die Grundlage für crossmediales Publizieren, egal ob als E-Book, App oder Website, ist XML (eXtensible Markup Language = erweiterbare Auszeichnungssprache). Diese ermöglicht es, Daten nicht typografisch, sondern semantisch zu strukturieren. Hierzu gibt es z. B. Standards für Kodierungen von literarischen Texten oder Open-Source-DTDs für mathematische Daten. Aber da XML ›erweiterbar‹ ist, kann jeder Verlag seine eigene ›Grammatik‹ in Form einer #DTD (Document Type Definition) festlegen. Sie definiert die Reihenfolge und Verschachtelung von ›Elementen‹ nach der Art des Inhalts. Folgt eine XML-Datei einer vorgegebenen DTD, wird sie valide oder wohlgeformt genannt.

XML-first

Word → XML → Satzsystem (z. B. InDesign) → PDF

- Inhalte werden von Anfang an medienneutral strukturiert.
- nur eine Quelldatei ist für alle Anwendungen nötig (print, digital etc.),
- XML-Datei kann auch Grundlage für spätere Publikationsformate sein.

XML-last

Word → InDesign → PDF → XML

- Inhalte werden z. B. in Word erfasst.
- daraus wird Satz, Layout und PDF erstellt,
- im Nachhinein wird daraus XML erzeugt.

Alle Inhalte – sowohl Texte als auch Grafiken – werden in XML in Form von Text codiert. Um diese voneinander zu unterscheiden, werden sie in spitze Klammern eingefügt; sogenannte <tags>. Am Anfang einer Überschrift, eines Absatzes etc. steht der Tag <Überschrift>, abgeschlossen wird er mit </Überschrift>. Das heißt, der Anfangstag unterscheidet sich vom Endtag nur durch den ›Slash‹ innerhalb der Klammer. In der XML-Terminologie wird dieses Paar von Anfangs- und Endtag als Element bezeichnet. Je nach Hierarchie werden diese Strukturen verschachtelt. Bild- und Grafikdateien werden als ›Attribute‹ kodiert. Sie enthalten in der Regel die Angabe des Dateinamens, also z. B. <grafik datei="grafik.gif"/>.

Start-Tag *Element* *Attribut* *Attributwert* *End-Tag*

```
<kapitel id=´´xyz´´>
  <ueberschrift id=´´ghs´´>
  <us-nummer>4.1</us-nummer>
  <us-text>Entwicklung der Satzve </us-text>
  </ueberschrift>
    <absatz><index_pers id=´´1´´order=´´Gu´´>Johannes Guten berg</index_pers></absatz>
    <absatz>1450 erfand er den Buchdruck kategorie=´´zivile_technologie´´ bereich=´´kultur´´</absatz>
</kapitel>
```

Beispiel einer einfachen Kapitelstruktur nach einer #DTD mit Tags, Elementen und Attributen

Bestandteil einer XML-Datei ist auch der Metablock. In diesem finden sich Informationen über bibliografische Angaben, Verwaltung und Verarbeitung, interne und externe Mitarbeitende, Layoutparameter etc.

XML-Strukturbaum

Die Struktur einer XML-Datei wird oft als XML-Baum bezeichnet. Er enthält eine Wurzel, einen Stamm mit (über- und untergeordneten) Ast-Elementen bis hin zu nachfolgenden Zweigen und Unterzweigen.

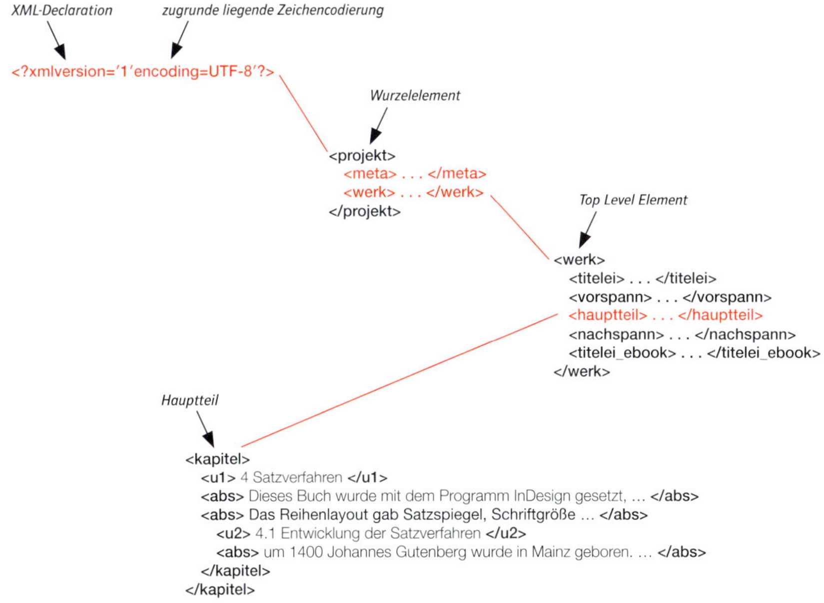

HTML (Hypertext Markup Language)

- Ein weltweiter Standard, um elektronische Inhalte zu strukturieren. #HTML ist eine einfache Sprache, die zur Beschreibung von Seiten eingesetzt wird und von jedem Browser angezeigt werden kann.
- Eine Auszeichnungssprache, um Texte semantisch zu strukturieren, dient aber nicht der Formatierung.
- Die Grundstruktur bleibt immer gleich, gleichgültig ob z. B. Texte, Bilder, Grafiken oder Tabellen enthalten sind.

CSS (Cascading Stylesheet)

Das CSS ist für die typografische Darstellung der HTML-Dateien verantwortlich. CSS legt für jedes Element eine Gestaltungsinformation fest. Diese müssen in einer separaten Datei gespeichert sein, damit die Wiederverwendung für andere Dokumente erleichtert wird.

Muster einer CSS

```
h2 {
        font-family: 'Polo11R'';
        font-size: 1.2 em;
        line-height: 1.5 em;
        font style: normal;
        font weight: Buch;
        color: #333333;
        martin-top: 2.55 em;
        martin-bottom: 2.55 em;
}
```

5 Farbe und Reproduktion

Für dieses Buch werden sowohl farbige als auch schwarz-weiße Abbildungen verwendet, außerdem gibt es Grafiken in Graustufen und mit farbigen Hervorhebungen. Die Umsetzung dieser Farben wird durch Reproduktion und Druck mit den vier Grundfarben (Cyan, Magenta, Yellow, Black = Kontrast = Tiefe) erreicht. Es gibt aber auch schwarz-weiße Strichabbildungen (Volltonabbildung) sowie Rasterabbildungen (Halbtonabbildung), die sich beispielsweise in diesem Kapitel auf Seite 77 finden. Die meisten Abbildungen sind jedoch 4-farbig reproduziert und durchgängig 4-farbig gedruckt. Alle Halbtonbilder sind im amplitudenmodulierten 60-er Raster für den Druck aufbereitet worden; damit kann ein gutes Druckergebnis erzielt werden.

Außerdem findet in den (Zwischen-)Überschriften und bei Aufzählungspunkten ein warmes Rot Verwendung. Dieser Farbton könnte gut mit einer Sonderfarbe (Pantone oder HKS sind hier gebräuchlich) gedruckt werden, allerdings mit der Konsequenz, dass für alle Druckbogen eine zusätzliche Druckplatte und ein zusätzliches Druckwerk nötig wären. Dies würde den Druck verteuern, weshalb auch dieses Rot aus den vier Grundfarben Cyan = 0 %, Magenta = 100 %, Yellow = 100 % und Black = 0 % zusammengesetzt wurde.

Ein Vergleich der Abbildungen auf den Seiten 65–80 und 81–96 verdeutlicht den Zusammenhang von Farbe und Papier. Auf den Seiten 65–80 sind die Farben brillanter und die Bilder wirken klarer und kontrastreicher, weil das Papier gestrichen ist. Ein Nachteil besteht aber darin, dass die Schrift nicht so gut zu lesen ist, weil der Kontrast zwischen dem bläulich-weißen Papier und dem Schwarz der Schrift zu groß ist und die Oberfläche durch den glänzenden Strich das Licht reflektiert. Auf den Seiten 81–96 hingegen ist die Schrift wegen der ungestrichenen Oberfläche gut und blendfrei zu lesen, dafür sind die Bilder aber deutlich matter und kontrastärmer.

Papier Seiten 65–80: Magnogloss, 130 g/m²

5.1 Kurze Geschichte der Farbenlehre

Zur Beschreibung der Farbenlehre gibt es unterschiedliche Ansätze aus Physik, Chemie, Kunst, Biologie und Erkenntnistheorie. Hier wird unter anderem zwischen Farbwahrnehmung, Farbpsychologie und Ordnungssystemen für Farben unterschieden. Einige Ansätze mögen dies im Folgenden exemplarisch verdeutlichen.

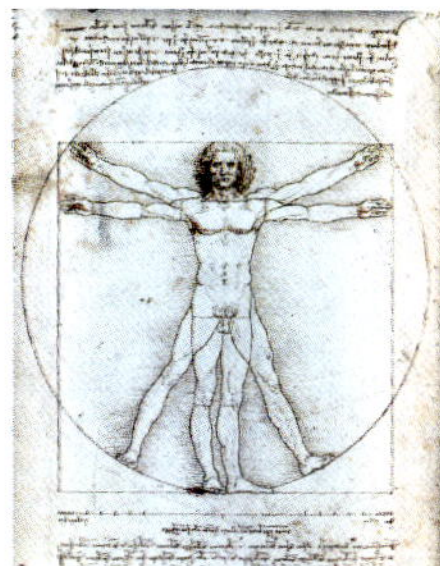

Da Vinci, Proportionsstudie, 1492

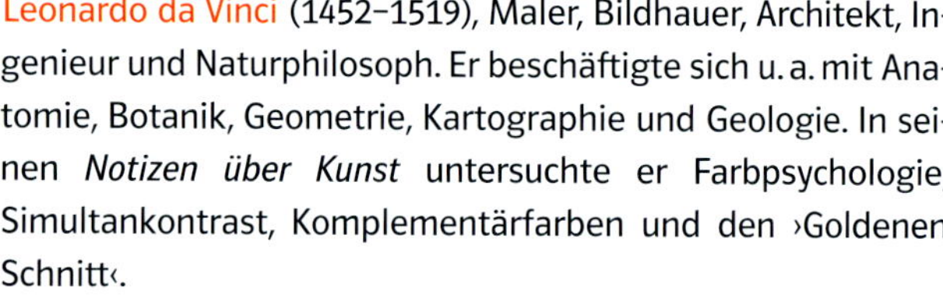

Leonardo da Vinci (1452–1519), Maler, Bildhauer, Architekt, Ingenieur und Naturphilosoph. Er beschäftigte sich u. a. mit Anatomie, Botanik, Geometrie, Kartographie und Geologie. In seinen *Notizen über Kunst* untersuchte er Farbpsychologie, Simultankontrast, Komplementärfarben und den ›Goldenen Schnitt‹.

Sir Isaac Newton (1642–1726), englischer Naturforscher. Beschäftigte sich u. a. mit Physik, Mathematik, Mechanik sowie Optik, insbesondere der Lichtbrechung. Nach Experimenten mit einem Spalt und Prisma beschrieb er 1672, dass sich Licht aus verschiedenen Farbanteilen zusammensetzt.

Louis-Bertrand Castel (1688–1757), Mathematiker. 1740 beschrieb er in seiner Farbenlehre ein Farbmodell als 12-teiligen Farbkreis.

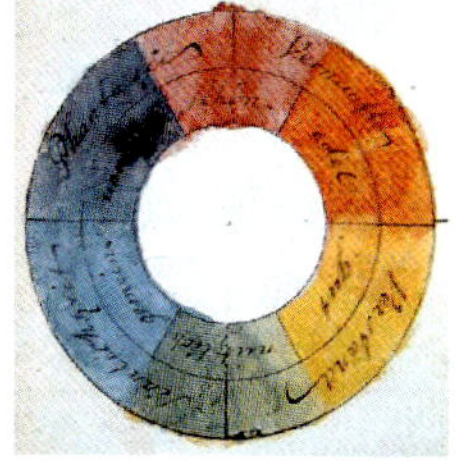

Goethe, Farbkreis, 1809

Johann Wolfgang von Goethe (1749–1832), Dichter und Naturforscher. Beschäftigte sich u. a. mit Berg- und Ackerbau, Botanik, Mineralogie. 1809 Veröffentlichung seiner Farbenlehre.

Hermann Ludwig Ferdinand von Helmholtz (1821–1894), Naturwissenschaftler und Universalgelehrter. Helmholtz leistete Beiträge zur Akustik, Elektro-, Thermo- und Hydrodynamik sowie zur Optik. 1852 entwickelte er die von Thomas Young aufgestellte Theorie des additiven Farbensehens weiter, nach der sich Farben aus drei Primärfarben zusammensetzen, die zur Erzeugung aller anderen Farben ausreichen. Er vermutete, dass es deshalb drei Arten von Fotorezeptoren im Auge geben müsse.

Ostwald, Ostwaldscher Doppelkegel, 1918

Friedrich Wilhelm Ostwald (1853–1932) entwickelte u. a. den ›Ostwaldschen Doppelkegel‹ – eine Farbnorm in einem Farbsystem, das sowohl Volltonfarben in ihren Abstufungen mit Nummern, als auch Buchstaben für den Schwarz- und Weißanteil bestimmt.

5.2 Farbwahrnehmung

Physikalisch setzt sich Farbe aus unterschiedlichen Wellenlängen zusammen. Diese reichen von Gammastrahlung mit 0,01 nm bis zu Radiowellen mit einer Wellenlänge bis zu 1 km. Der sichtbare Bereich liegt zwischen 380 und 780 nm (1 nm = ein Milliardstel Meter).

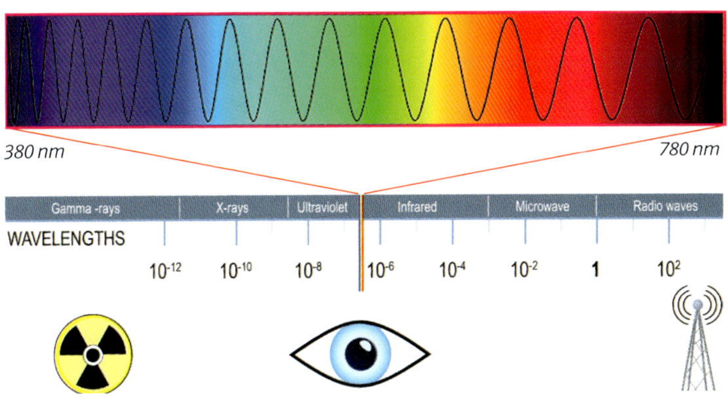

Der für das menschliche Auge sichtbarer Bereich liegt zwischen 380 und 780 nm

Im Inneren des Auges ist die Netzhaut die lichtempfindliche Schicht. Auf ihr befinden sich über 100 Millionen lichtempfindliche Sinneszellen: die Zäpfchen und Stäbchen. Die Stäbchen nehmen die Helligkeit des einfallenden Lichts wahr, womit sie ein Hell-Dunkel-Bild liefern. Drei, auf verschiedene Wellenlängen reagierende Zäpfchenarten, nehmen jeweils die Farben Rot, Grün und Blau wahr. Die Augenlinse bricht das Licht und wirft ein seitenverkehrtes Bild auf die Netzhaut im Augenhintergrund. Von dort werden die Reize über den Sehnerv an das Gehirn weitergeleitet.

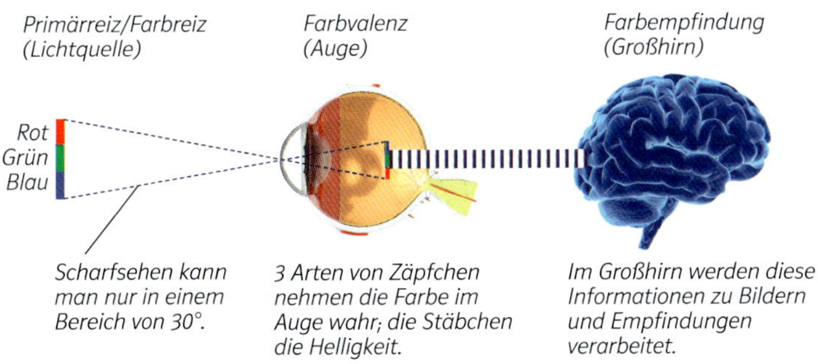

5.3 Farbraum

Als Farbraum bezeichnet man den Umfang der Farbtöne, die in einem bestimmten Farbsystem theoretisch möglich sind. Verschiedene Farbsysteme haben unterschiedlich große Farbräume. Je größer der Farbraum eines Systems ist, desto mehr Farbtöne kann man mit ihm erzeugen. Mit dem Farbraum des Auges bietet die größtmögliche Farbvielfalt.

Da Farben mit verschiedenen Systemen erzeugt und mit unterschiedlichen Medien dargestellt oder ausgegeben werden, sehen sie nie gleich aus. Wird zum Beispiel ein digitales Foto auf einem Monitor dargestellt, sieht es anders aus als ein mit einem Tintenstrahl- oder Laserdrucker ausgegebenes. Aus diesem Grund unterscheidet es sich auch von einem im Offsetdruck erzeugten Bild. Außerdem differieren die Farben je nach dem, auf welchem Papier sie gedruckt wurden. Schließlich spielt auch noch die Lichtquelle eine Rolle, unter der das Bild betrachtet wird.

Lab-Farbraum

Mit dem Lab-Farbraum wurde von der CIE (Commission Internationale de l'Éclairage) ein geräteunabhängiges Farbsystem geschaffen, das den Vergleich von Farbwerten ermöglicht. Hier liegen sich in einem dreidimensionalen Farbraum auf der a^*-Achse Grün und Rot und auf der b^*-Achse Blau und Gelb gegenüber. Dadurch stehen sich die komplementären Farbtöne um 180° gegenüber. In ihrer Mitte (dem Koordinatenursprung $a^*=0$, $b^*=0$) ist Grau. Auf der senkrechten L^*-Achse (Luminanzachse) wird die Helligkeit der Farbe zwischen Schwarz ($L^*=0$) und Weiß ($L^*=100$) angegeben.

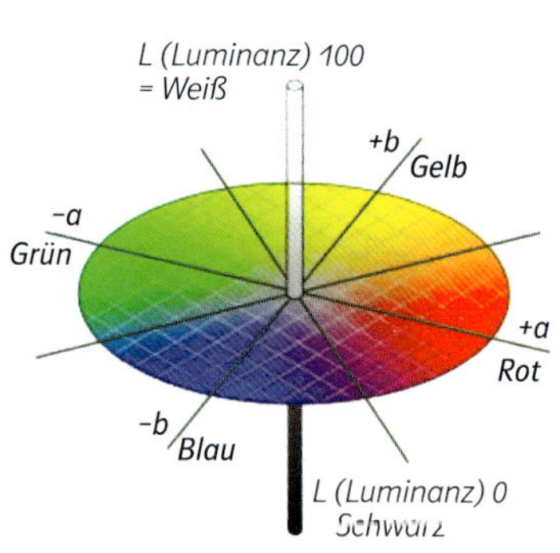

Der Lab-Farbraum

Der Lab-Farbraum von oben. Die Farben maximaler Intensität bilden seine äußere Hülle.

Farbumfang

Der Farbumfang, also die Menge aller wahrnehmbaren Farbtöne, wird von dem Medium bestimmt, mit dem sie wahrgenommen und auf dem sie reproduziert werden. Der LMS-Bereich entspricht der Farbvielfalt beim Sehen des menschlichen Auges. Ein digitales Bild wird im #RGB-Bereich wiedergegeben und im Auflagendruck wird #CMYK genutzt. Alle Farbabstufungen werden mit verschiedenen Farbwerten in unterschiedlichen Systemen erzeugt und wiedergegeben.

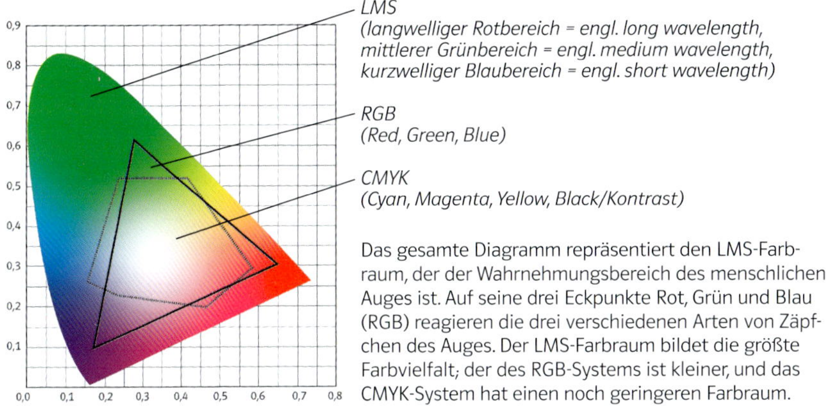

Das gesamte Diagramm repräsentiert den LMS-Farbraum, der der Wahrnehmungsbereich des menschlichen Auges ist. Auf seine drei Eckpunkte Rot, Grün und Blau (RGB) reagieren die drei verschiedenen Arten von Zäpfchen des Auges. Der LMS-Farbraum bildet die größte Farbvielfalt; der des RGB-Systems ist kleiner, und das CMYK-System hat einen noch geringeren Farbraum.

Farbumfang auf verschiedenen Medien

Der Farbumfang hängt auch von dem Medium ab, mit dem die Farben wahrgenommen bzw. dargestellt werden. So hat ein Farbmonitor einen anderen Farbumfang als ein Druck auf Papier.

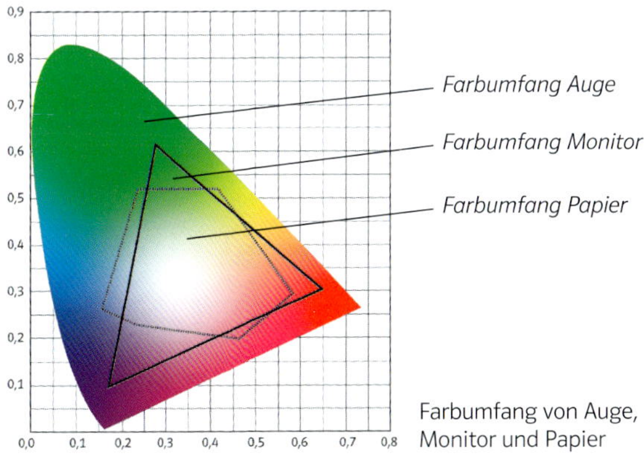

Farbumfang von Auge, Monitor und Papier

RGB – das additive Farbsystem

#RGB – Rot, Grün und Blau (red, green, blue) ist das additive Farbsystem, das für digitale Bilder und für die Bildschirmanzeige verwendet wird. Hierbei wird Licht der verschiedenen Spektralbereiche addiert, so dass die Überlagerung der Wellenbereiche den neuen Farbeindruck ergibt. Wenn rotes, grünes und blaues Licht gemischt werden, entsteht dadurch Weiß. Auch das Tageslicht gehört zum additiven Farbsystem.

Rot — Grün — Blau — Rot
Gelb — Hellblau — Violett

Schematische Darstellung:
Überlagerung der Wellenlängen im RGB-System

CMYK – das subtraktive Farbsystem

Bei CMYK = Cyan, Magenta, Yellow, Black (Tiefe, Kontrast) handelt es sich um Körperfarben, deren Rasterpunkte beim Druck so dicht nebeneinander liegen, dass das Auge sie als Farbabstufungen (Farbmischung) wahrnimmt. Dieses Verfahren findet beim Druck Verwendung.

Wenn ein digitales #RGB-Bild analog gedruckt werden soll, muss es in die vier Farbauszüge CMYK umgewandelt werden. Dabei werden die nicht umsetzbaren, also die außerhalb des entsprechenden Farbraums liegenden Farbwerte, in ähnliche umgewandelt. Der optische Eindruck verändert sich entsprechend.

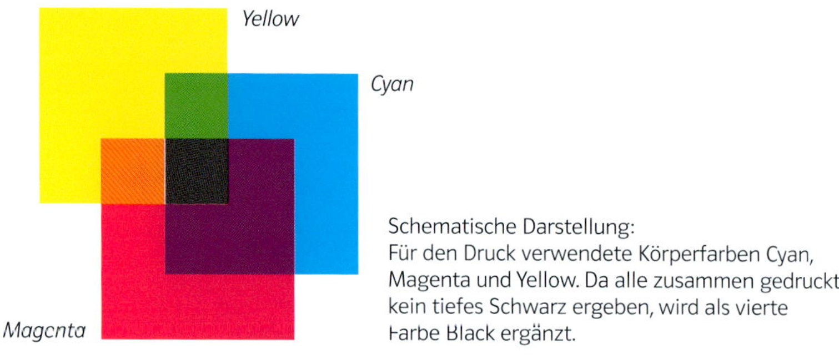

Schematische Darstellung:
Für den Druck verwendete Körperfarben Cyan, Magenta und Yellow. Da alle zusammen gedruckt kein tiefes Schwarz ergeben, wird als vierte Farbe Black ergänzt.

Der optische Eindruck von Farbe im Druck entsteht durch Absorption und Reflektion der Wellenlängen des Lichts. Trifft das Licht zum Beispiel auf eine Fläche in Rot werden die grünen und blauen Anteile des Lichts absorbiert und Rot reflektiert, bei einer grünen Fläche wird rot und blau absorbiert und grün reflektiert.

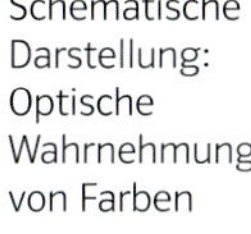

Schematische Darstellung: Optische Wahrnehmung von Farben

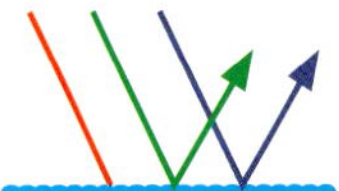

Farbeindruck Cyan: Der grüne und blaue Anteil des Lichts wird reflektiert.

Magenta: Der rote und blaue Anteil des Lichts wird reflektiert.

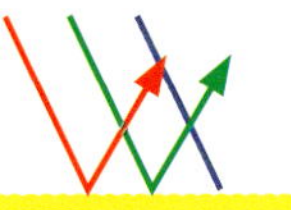

Yellow: Der grüne und rote Anteil des Lichts wird reflektiert.

Farbeindruck Rot: Nur der rote Anteil des Lichts wird reflektiert.

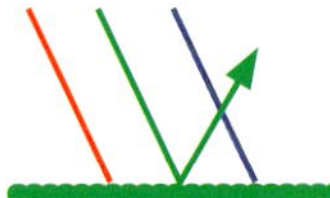

Grün: Nur der grüne Anteil des Lichts wird reflektiert.

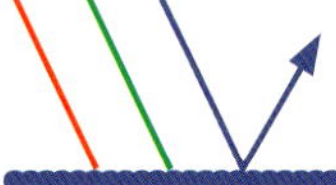

Blau: Nur der blaue Anteil des Lichts wird reflektiert.

Farbeindruck Weiß: Alle Anteile des Lichts werden reflektiert.

Schwarz: Alle Anteile des Lichts werden absorbiert.

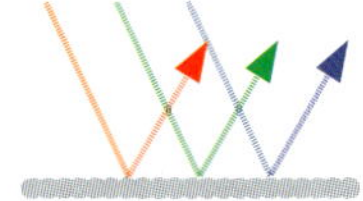

Grau: Die weißen Anteile des Lichts werden nur zum Teil reflektiert.

5.4 Farbseparation und Druckraster

Um Abbildungen oder farbige Schrift drucken zu können, werden die digitalen Druckdaten (meistens PDF) vor dem Belichten der Druckplatten entsprechend dem Druckverfahren und verwendetem Papier mit Hilfe des Rasterimageprozessors (RIP) in Rasterpunkte umgerechnet. Hierbei entsteht von allen vier Grundfarben ein separater Auszug, die Farbseparation.

Um verschiedene Farbwerte darstellen zu können, sind die Rasterpunkte unterschiedlich groß. Bei einer dunklen Stelle im Bild sind sie größer als an einer hellen Stelle. Ausnahmen bilden der Tiefdruck und die #Digitaldruckverfahren. Man kann auch von einer optischen Täuschung sprechen, denn der unterschiedlich empfundene Eindruck der Farbintensität entsteht dadurch, dass die Rasterpunkte so klein sind, dass sie unter der Wahrnehmungsfähigkeit des menschlichen Auges liegen. So wirkt das Bild in Halbtönen.

Separation im #CMYK Farbverlauf. Große Rasterpunkte erzeugen einen dunkleren Farbeindruck als kleine Rasterpunkte

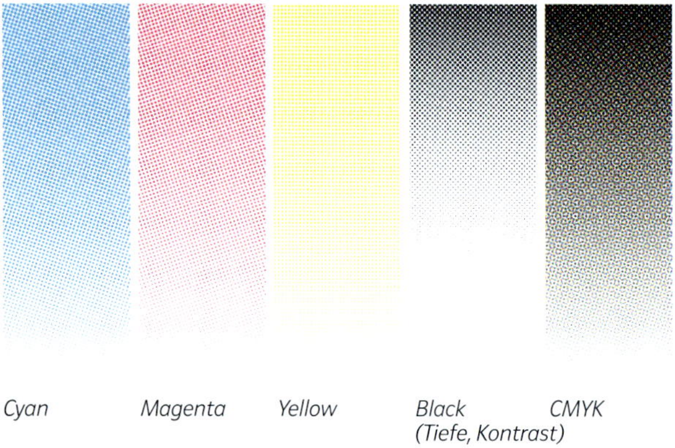

Cyan *Magenta* *Yellow* *Black (Tiefe, Kontrast)* *CMYK*

Bei 1-farbigen Abbildungen beträgt die Rasterwinklung 135 °

Druckraster, 4-farbig (mikroskopische Aufnahme)

CMYK Farbauszüge mit Rasterwinklung

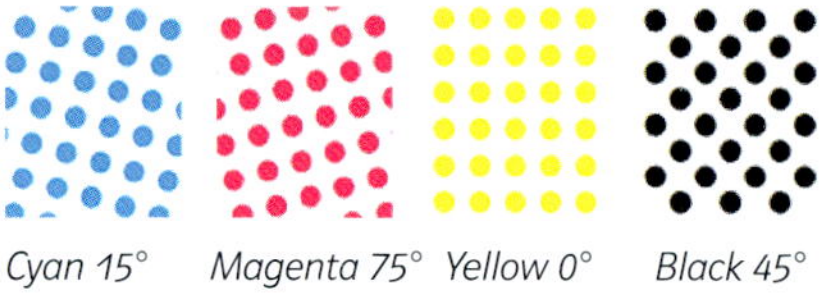

Cyan 15° *Magenta 75°* *Yellow 0°* *Black 45°*

Damit bei Abbildungen mit mehr als einer Farbe kein Moiré (= Marmorieren) entsteht, werden die Farbauszüge in verschiedenen Rasterwinklungen angelegt. Beim Moiré entstehen Interferenzen (Überlagerungen), die den Bildeindruck stören.

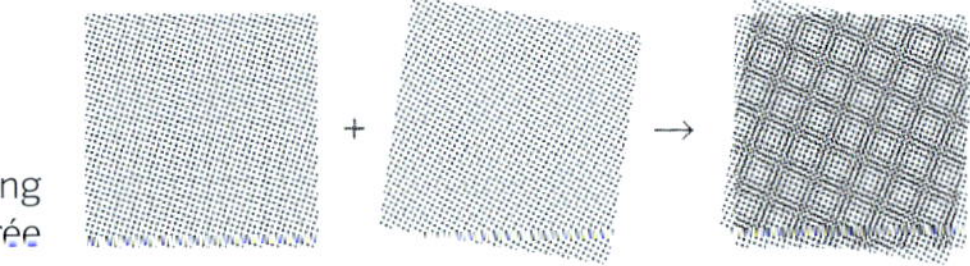

Entstehung von Moirée

+

=

Farbauszüge einer farbigen Abbildung in Cyan, Magenta, Yelow und Tiefe.
© Jon Sullivan

+

=

+

=

Farbauszüge einer Doppelseite

Farbseparation Cyan

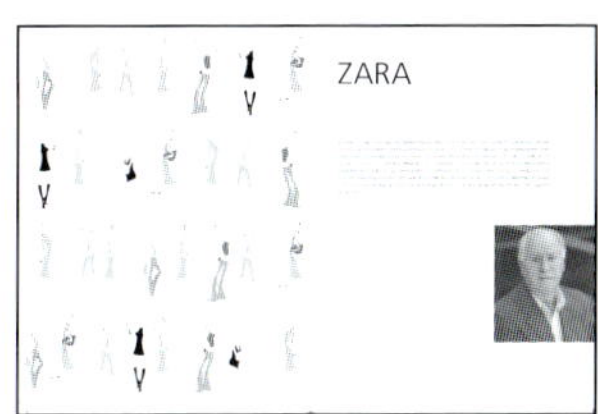

Farbseparation Magenta

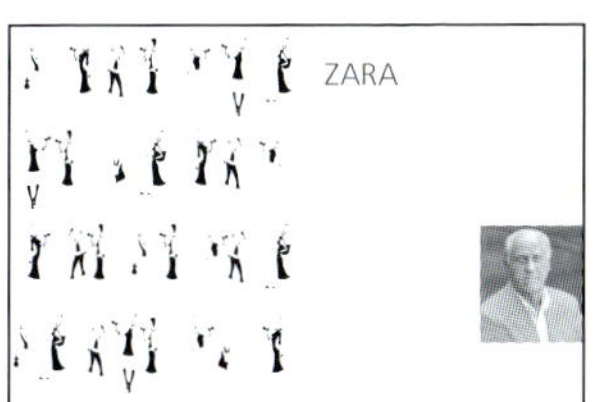

Farbseparation Yellow

Farbseparation Black

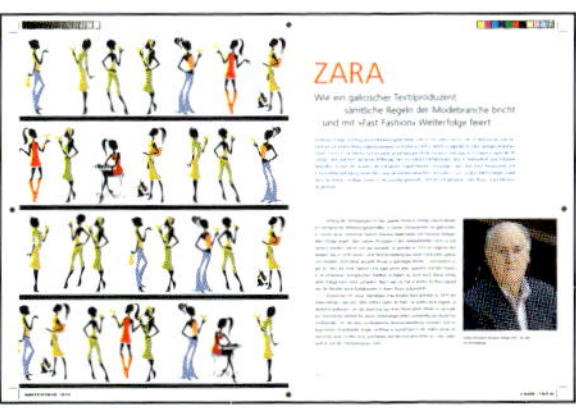

Zusammendruck #CMYK mit Schnittmarken, #Beschnittzugabemarken, Passermarken und #Farbkontrollstreifen

Rasterweite

Der Begriff Rasterweite benennt die Anzahl der Rasterpunkte pro Streckeneinheit, entweder in lines per inch (lpi) oder Linien pro cm (L/cm). Die Rasterweite ist abhängig von der Art des Bildes, dem Druckverfahren (z. B. Offset-, Tief-, Siebdruck) und der Oberfläche des Bedruckstoffs (z. B. Werkdruckpapier, gestrichenes Papier).

Empfohlene Rasterweiten für unterschiedliche Papiere

Zeitungspapier	25–30 l/cm
ungestrichen	40–50 l/cm
gestrichen, matt	50–60 l/cm
gestrichen, seidenmatt	64–120 l/cm
gestrichen, glänzend	64–120 l/cm

Umrechnung Lines per Inch und Lines per cm. Der gerundete Rasterwert ist die gebräuchliche Form der Angabe des Rasterwertes, also zum Beispiel 60er Raster etc. (1 Inch = 2,54 cm)

glatter l/cm-Wert (Druckraster)	lines per cm	lines per inch
24	24	60
28	28	72
34	33	85
40	39	100
48	47	120
54	52	133
60	59	150
70	69	175
78	79	200
120	118	300

Rasterformen

Rosettenbildung beim AM-Raster

Die klassische Form der Rasterung ist das amplitudenmodulierte Raster (AM-Raster). Dabei wird der Tonwert ausschließlich über die Größe der Rasterpunkte gesteuert. Das Raster kann kreisförmig, kettenförmig oder quadratisch sein. Vorteil ist die Gleichmäßigkeit in den Mitteltönen und der bewährte Workflow. Beim Zusammendruck entsteht die typische Rosettenform. Beim frequenzmodulierten Raster (FM-Raster) werden die gleich großen Punkte mit der Häufung derselben variiert. Die Algorithmen dafür sind von der Software abhängig. Durch die Frequenzmodulation werden Moirés und Rosetten vermieden. Bei der #Hybridrasterung wird in den Lichtern die amplitudenmodulierte Rasterung mit der frequenzmodulierten in den Tiefen kombiniert.

Im Tiefdruck spricht man von Zellen oder Näpfchen, die unterschiedlich tief und breit sind. Dafür muss auch die Schrift gerastert werden.

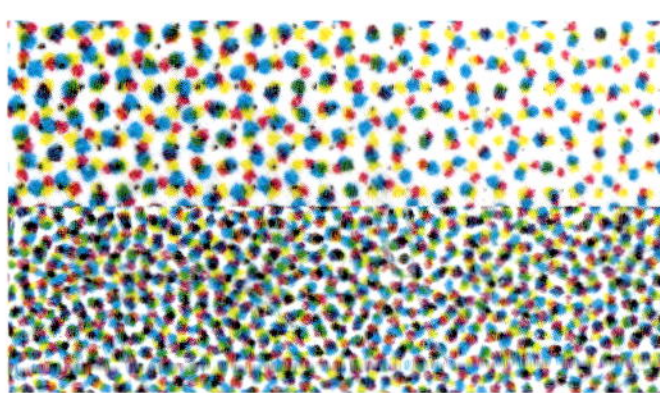

AM (oben) und FM-Raster im Vergleich links #CMYK, rechts s/w

Bunt- und Unbuntaufbau

Schwarz, Grau und Weiß werden als unbunte Farben bezeichnet, weil sie sich nur durch die Helligkeit voneinander unterscheiden und keine Anteile eines Farbtons (#RGB oder CMY) enthalten. Im Unbuntaufbau beim Vierfarbdruck wird durch Schwarz der Eindruck von Tiefe verstärkt. Außerdem wird die Farbe Schwarz meistens für die Schrift verwendet.

Unbunte Farben

Buntfarben Cyan, Magenta, Yellow

Im Buntaufbau, also dem Druck ohne Schwarz, wird der Eindruck von Tiefe erreicht, indem die dunklen Stellen der drei Grundfarben Cyan, Magenta und Yellow verstärkt werden.

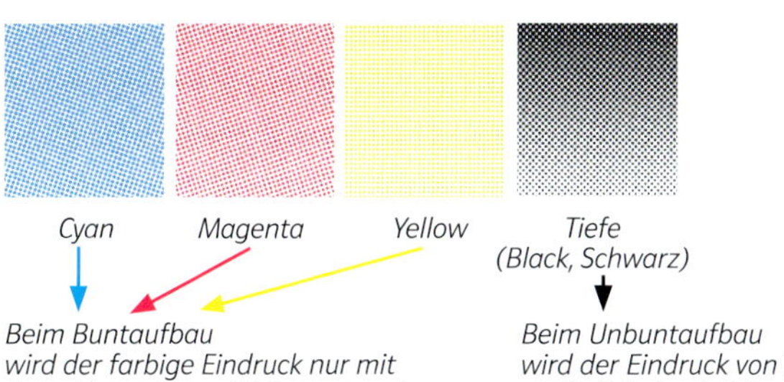

Duplexdruck

Beim Duplexdruck (auch Duotondruck) wird ein Graustufenbild mit einer zweiten Farbe (meistens als Sonderfarbe) reproduziert und gedruckt. Durch eine sehr differenzierte Abstufung der Grauwerte und intensivere Tiefen wird der plastische Eindruck deutlich verstärkt.

links: Graustufenbild
rechts: dasselbe Bild als Duplexdruck (hier simuliert in #CMYK)

5.5 Sonderfarben

Sie werden auch als Schmuck- oder Volltonfarben bezeichnet und zusätzlich zu CMYK oder als zweite Farbe (Auszeichnungsfarbe) in Texten eingesetzt. Hauptsächlich finden Sonderfarben der Unternehmen Pantone und HKS Verwendung, dort gibt es auch Effekt-, Leucht- und Pastellfarben. Zur Auswahl stehen Farbfächer auf verschiedenen Papieren, zum Beispiel coated (beschichtet) für Kunstdruck- und uncoated (unbeschichtet) für Naturpapier, aber auch für Zeitungspapier. Je nach Papier und Beleuchtung wirken die Farben sehr unterschiedlich. Der Vorteil der Sonderfarben ist ihre Brillanz, ihre Konturenschärfe (weil die Volltonflächen nicht gerastert werden müssen) und die Farbtreue. Für jede zusätzliche Sonderfarbe wird eine weitere Druckplatte und ein zusätzlicher Druckgang benötigt.

Pantone-Farbfächer
System mit 18 Basisfarben, die in verschiedenen Anteilen miteinander gemischt alle weiteren Farben des Systems ergeben

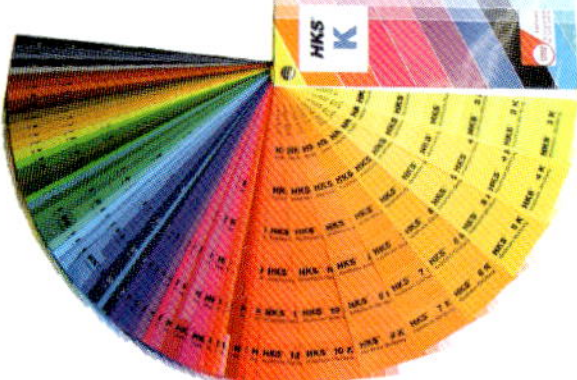

HKS-Farbfächer
Industriell vorgemischte oder vom Drucker aus HKS-Pigmenten angemischte Sonderfarben

Sollen Sonderfarben durch die vier Grundfarben simuliert werden, können die entsprechenden CMYK-Werte einer Tabelle entnommen werden. In allen Programmen sind diese ICC-Farbprofile (International Color Consortium) hinterlegt. Sie sind plattformübergreifend und in allen Geräten des Workflow über den Lab-Farbraum in den CIE (Cambridge International Examinations) definiert.

Ausschnitt aus der Umrechnungstabelle von HKS in CMYK. Die Sonderfarben können immer nur annäherungsweise umgesetzt werden, weil beide Farbsysteme im Farbraum nur verschiedene Anteile wiedergeben.

HKS 2K	0	0	80	0
HKS 3K	0	0	100	0
HKS 40K	90	25	10	0
HKS 41K	100	80	35	0
HKS 42K	90	60	0	0

HKS 42 K Prozess
HKS 39 K
HKS 39 K RGB

Darstellung verschiedener Farbsysteme in InDesign: HKS 39 K im 4-Farb-System CMYK (oben), als Echtfarbe (Mitte), und im #RGB-Modus (unten)

Die Umrechnung der Farben in die unterschiedlichen Farbsysteme erfolgt über Zahlenwerte. Zu beachten ist, dass die Farbräume nicht identisch sind, so dass nicht jede Farbe in jedem System gleich wiedergegeben werden kann. Hier ein Beispiel für ein Grün.

CMYK: 64 0 96 0 (Cyan, Magenta, Yellow, Black)
RGB: 100 176 59 (Red, Green, Blue)
Lab: 65 -40 50 (Lightness, a + b = Farbebenen)
HEX: 64B03B (#HTML-Farb-Code)

5.6 Analoge Vorlagen und digitale Daten

Ausgangspunkt können am Computer generierte Bilder oder Fotos von Digitalkameras sein. Diese müssen geprüft und u. U. nachbearbeitet werden (z. B. RGB in CMYK umwandeln, Tiefe, Kontrast, Helligkeit, etc).

Eingescannte Originalvorlagen wie Fotos, Aquarelle, Grafiken, Zeichnungen werden nach Halbton- bzw. Rasterabbildung und Strich- bzw. Volltonabbildung unterschieden. Bei schon einmal gedruckten Abbildungen muss die Rasterwinklung geändert werden, damit kein Moirée entsteht (Kap. 5.4). Für die Weiterverarbeitung von Rasterabbildungen im Druck werden 300 dpi (#dpi = dots per inch / #Punkte je Zoll) benötigt, für Strichabbildungen zwischen 800 dpi und 1200 dpi – je nach Feinheit der Linien. Für Bilder am Bildschirm, also Internet, Website etc., sind 72 dpi (bei hochauflösendem Display 96 dpi) ausreichend.

Halbton- oder Rasterabbildung zum Beispiel s/w-Foto

Vollton- oder Strichabbildung, Holzschnitt Albrecht Dürer, Ausschnitt

Halbtonabbildung Farbverlauf unten: vergrößerte Rasterpunkte

Volltonabbildung, Detail, stark vergrößert

Vorlagen scannen

Um Vorlagen bearbeiten zu können, müssen sie gescannt werden. Hierfür stehen verschiedene professionelle Scanner für spezifische Aufgaben zur Verfügung. Häufig wird ein Flachbettscanner mit einer Durchlichteinheit verwendet, da mit diesem alle Auf- und Durchsichtsvorlagen, sowie schon einmal gedruckte und starre Vorlagen gescannt werden können. Aber es gibt auch Trommelscanner, Buchscanner, Diascanner, Dokumentenscanner, Einzugscanner, Filmscanner, Großformatscanner, Handscanner und 3-D-Scanner.

Der Scanner tastet die Vorlagen mit Hilfe von Sensoren zeilenweise optisch-elektronisch ab und wandelt die analogen Daten anschließend in digitale Daten um. Dort können sie am Rechner bearbeitet, gespeichert und weitergegeben werden.

Digitale Bilder und Farbtiefe

Die Menge der Farben ist abhängig von der Farbtiefe (Anzahl der Ton- bzw. Farbwerte eines Pixels) und der Bittiefe (Bit = Wortzusammensetzung aus binary und digit).

- Wenn 1 Pixel = 1 Bit (Speicherplatz) ist, dann kann es schwarz oder weiß, also 0 oder 1 sein.
- Mit jedem weiteren Bit verdoppelt sich die Möglichkeit der darzustellenden Grautöne.
- 1 Pixel = 8 Bit (= 1 Byte) = 2^8 = 256 Graustufen
- bei größerer Kapazität sind es heute:
  1 Pixel = 16 Bit (= 2 Byte) = 2^{16} = 65 536 Graustufen.
  Dadurch ist eine differenziertere Abstufung der Farbwerte möglich.
- Für die Ausgabe in Printmedien werden die Daten auf 8-Bit-Farbtiefe reduziert.

Farbtiefe/Kanal	Anzahl der möglichen Farben
1 Bit = 2^1	2
8 Bit = 2^8	256
16 Bit = 2^{16}	65 536

Eine #CMYK-Abbildung mit 32-Bit-Farbtiefe (8 Bit x 4 Kanäle) kann also 2^{32} = 4 294 967 296 Farben enthalten.

Halbtonabbildungen

Eine analoge Vorlage (Aquarell, Illustration, Foto) kann beliebig groß eingescannt werden. Entscheidend ist das Ausgabemedium.

Wiedergabe am Monitor (vergrößert), 72 #dpi (dots per inch)

Ausgabe im Druck: lpi
im deutschsprachigen Raum in cm.
86 lpi = 34 Linien pro cm, 122 lpi = 48 Linien pro cm

Pixel
in digitaler
Vorlage:
1/304 inch

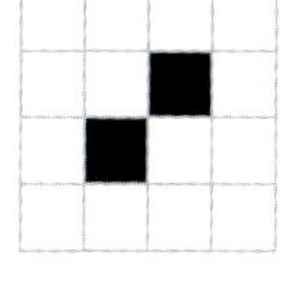

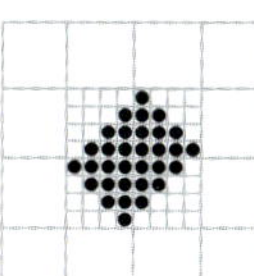

Rasterzelle
in Druckform:
Seitenlänge 1/152 inch
= 1/60 cm

Mit Softwareprogrammen werden Grautöne und Farbabstufungen simuliert:

- jedes Pixel wird rechnerisch in Ausgabepixel unterteilt; für je einen Ausgabepunkt werden vier Pixel analysiert, daraus wird der Durchschnittswert ermittelt, woraus sich der Tonwert des Ausgabepixels ergibt;
- das Ausgabepixel wird in mehrere Druckrasterpunkte unterteilt (bei 50 % Tonwert sind das zur Häfte druckende und nicht druckende Teile);
- das (digitale Bild) muss also eine doppelt so hohe Auflösung haben wie das Druckraster (2 x 2 = 4 Pixel); zum Beispiel: 304 #dpi werden 152 lpi = 60er Raster (Kap. 5.4).

Volltonabbildung

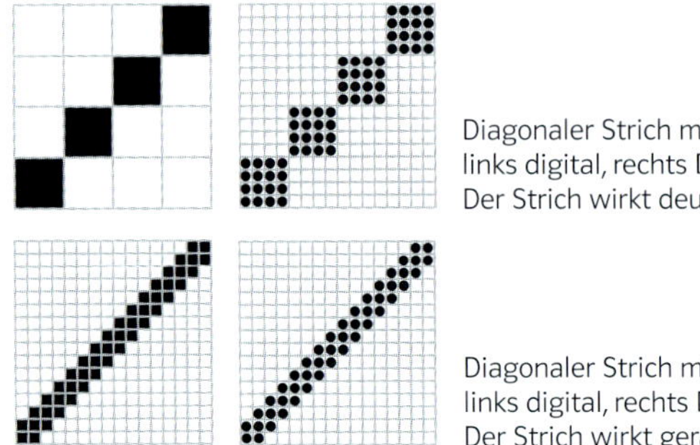

Diagonaler Strich mit 300 #dpi; links digital, rechts Druckraster. Der Strich wirkt deutlich gezackt.

Diagonaler Strich mit 1200 dpi; links digital, rechts Druckraster. Der Strich wirkt gerader.

Bilddatenformate

TIFF/TIF (Tagged Image File Format)

- wird von allen Bildbearbeitungsprogrammen zum Speichern und Austauschen unterstützt,
- speichern in #RGB-, #CMYK-, Lab-Modus, mit Sonderfarben sowie als Graustufen- und Bitmapdatei,
- Format zum Austausch von Daten in der #Druckvorstufe in Verlagen und Druckereien, unterstützt das CMYK-Farbmodell sowie s/w und Sonderfarben.

JPG/JPEG (Abkürzung der Entwicklerorganisation: Joint Photographic Experts Group)

- Standardformat zur Speicherung und Komprimierung in digitalen Medien (Digitalkamera, Smartphone, Tablet, Bildbearbeitungsprogramme),
- durch Komprimierung keine verlustfreie Speicherung der Daten,
- RGB und CMYK möglich.

PNG (Portable Network Graphics, dt. portable Netzwerkgrafik)

- meistverwendetes verlustfreies Grafikformat im Internet,
- Grafikformat für Rastergrafiken mit verlustfreier Komprimierung,
- unterstützt neben unterschiedlichen Farbtiefen auch Transparenzen.

PSD (Photoshop Document, Austauschformat bei Adobe)

- Bilddateien werden verlustfrei mit Einstellungsebenen gespeichert, incl. Filter, Alphakanal sowie Farbmodi und -tiefen.

EPS (Encapsulated Postscript-Datei)
- Speicher- und Austauschformat in Layoutprogrammen und der #Druckvorstufe,
- plattformunabhängige Speicherung ohne Komprimierung,
- Speicherung in #RGB und #CMYK mit Farbprofilen und Beschneidungspfaden möglich.

PDF (Portable Document Format, dt. transportables Dokumentenformat)
- plattformunabhängiges Dateiformat für Dokumente.

Raw-Daten (dt. roh)
- Rohdatenformat digitaler Kameras, die sich je nach Hersteller unterscheiden,
- Bildkorrekturen können sowohl im Raw-Format, als auch in anderen Bildbarbeitungsprogrammen vorgenommen werden.
- Raw-Daten haben die größte Bildtiefe, die allerdings beim Umwandeln in JPG- oder Tiff-Daten reduziert wird. Deshalb müssen die Bilder nachbearbeitet werden.

5.7 Workflow

Um über alle Ein- und Ausgabegeräte, wie Scanner, Monitor, Proof, Druckmaschine, von der Bildvorlage bis zum Endprodukt möglichst wenig Farbabweichungen zu haben, werden als Farbmanagement ICC-Profile (International Color Consortium) eingesetzt. Darin sind alle Profile für einen definierten Prozess festgelegt. Dies sind zum Beispiel,
- Bildschirm,
- Farbumfang (CMYK, RGB, Sonderfarben),
- Raster in Abstimmung auf Druckverfahren (konventionell, #CTP) und Papier (gestrichen, Naturpapier),
- farbverbindliche Proofs unter definierten Lichtverhältnissen,
- Plattenbelichter,
- PDF-Erstellung für plattformübergreifende Prozesse.

Für einen verlustfreien Workflow empfiehlt es sich, mit den Job-Options der beauftragten Druckerei zu arbeiten. Diese sind auf alle Parameter abgestimmt.

Papier Seiten 81–96: Munken Print cream, 90 g/m², 1,5-faches Volumen

Job-Options der Druckerei für die Reihe BRAMANN Basics

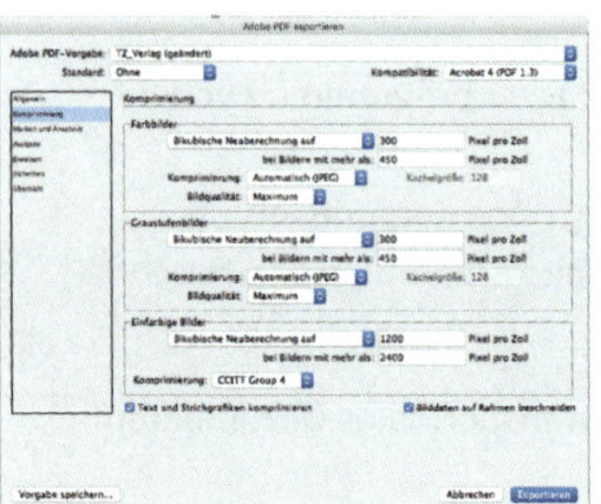

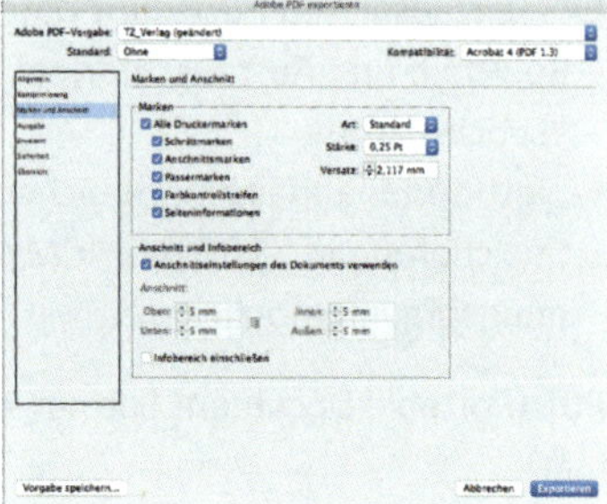

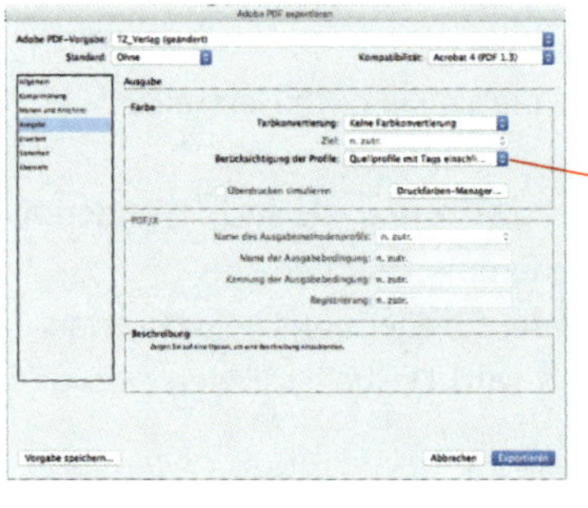

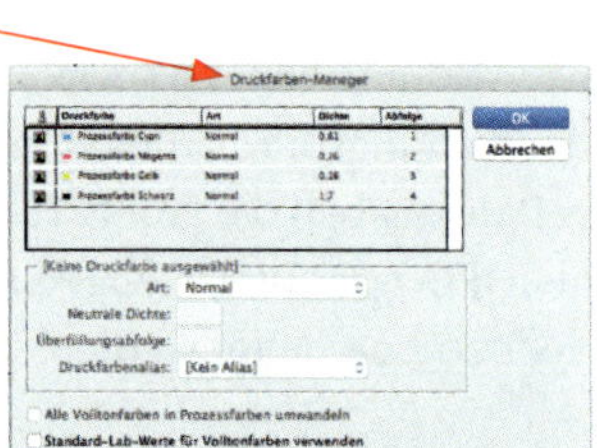

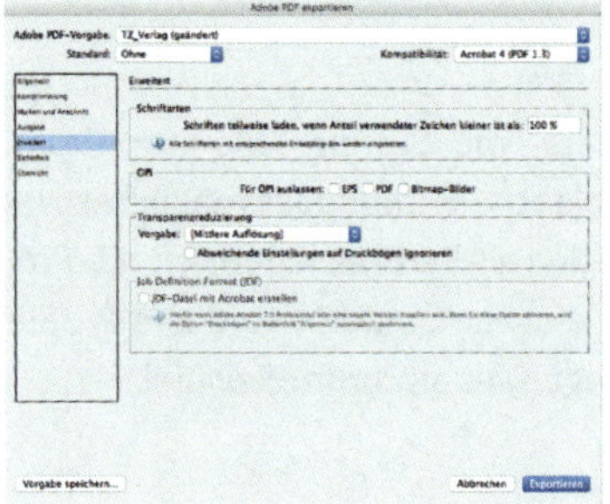

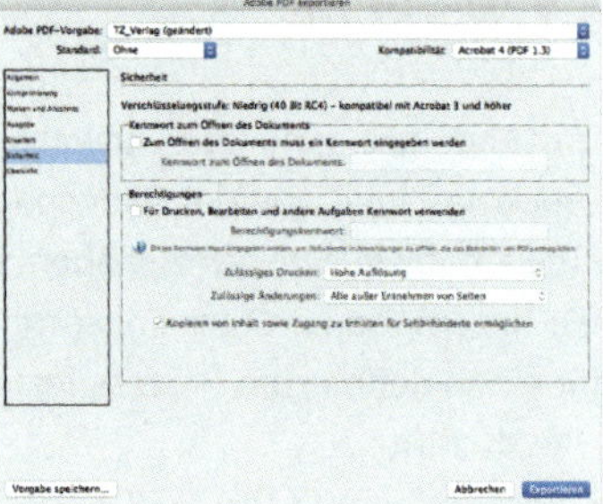

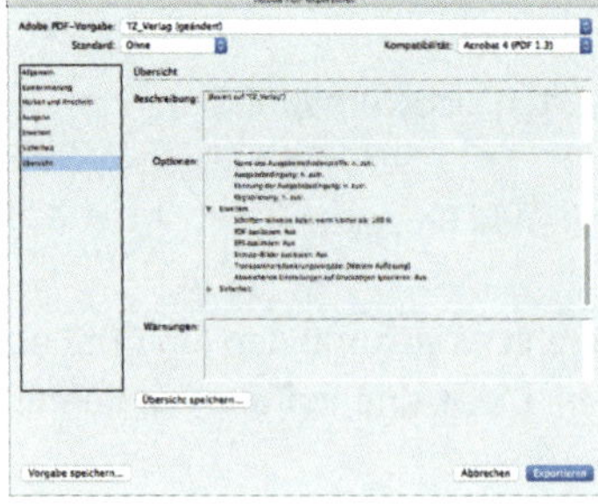

6 Papier

Für dieses Buch wurden verschiedene Papiere verwendet. Die Seiten 1–64 und 97–160 sind auf dem Papier Magno Volume, 130 g/m^2, 1,1-faches Volumen, die Seiten 65–80 auf Magnogloss, 130 g/m^2, und die Seiten 81–96 auf Munken Print cream, 90 g/m^2, 1,5-faches Volumen gedruckt. Sie unterscheiden sich nicht nur in der #Grammatur (Gewicht in Gramm pro m^2), sondern auch durch die Veredlung - die unterschiedliche Oberfläche. Außerdem spielt das Volumen eine Rolle. Dies alles führt dazu, dass sich das Papier unterschiedlich anfühlt; zum Beispiel weich oder hart, steif oder beweglich, glatt oder rauh - dadurch ändert sich die Haptik.

Für den Umschlag wurde ein matt cellophanierter Chromosulfatkarton, mit 280 g/m^2 verwendet. Dieser ist einseitig gestrichen, so dass die Farben besser zur Geltung kommen.

Außerdem ist die Oberfläche entscheidend dafür, wie sich das Papier bedrucken lässt, ob die Schrift gut lesbar ist und die Bilder brillant aussehen. Zum Beispiel sind die Abbildungen auf den Seiten 65–80 strahlender, leuchtender und deutlicher. Das liegt daran, dass die Papieroberfläche durch den Strich geschlossen ist, die Farbpigmente auf der Oberfläche des Papiers stehen bleiben und nicht einziehen. Ein Nachteil ist, dass der Text auf diesen Seiten durch den Glanz und die dadurch entstehende Reflexion des Lichtes schlechter lesbar ist. Das Munken Print cream ist ein leicht holzhaltiges Offsetpapier. Es ist nicht gestrichen, deshalb reflektiert die Oberfläche kein Licht und die Schrift ist blendfrei zu lesen, dafür wirken die Bilder aber etwas matter. Eine gute Alternative ist das Papier Magno Volume. Hier sind die Farben der Bilder intensiver und der Text ist gut und blendfrei zu lesen.

6.1 Kurze Geschichte des Papiers

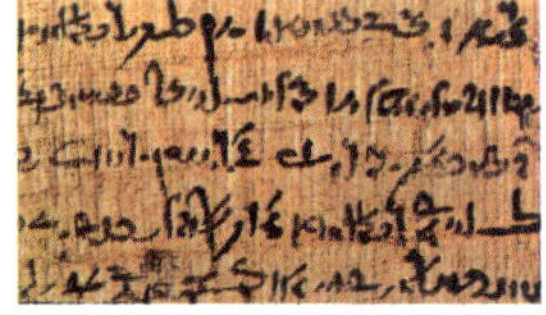
Altägyptischer Papyrus mit Text in hieratischer Schrift

3. Jahrtausend v. Chr. Im alten Ägypten wurde Papyrus (eine Schilfpflanze vom Nil) verwendet, deren Fasern über Kreuz gelegt und flach geschlagen wurden, so dass man darauf schreiben konnte.

500 v. Chr. In Ceylon und Indien wurden gepresste Baststränge von Palmblättern benutzt.

105 Der chinesische Hofbeamte Tsai Lun beschrieb als erster die Technik des Papiermachens aus Seidenabfällen, Hanf, Lumpen und Rinde. Dabei wurden die Fasern zerstampft, gekocht, mit einem Sieb abgeschöpft und anschließend getrocknet, gepresst und geglättet.

751 Chinesische Kriegsgefangene eines arabischen Heeres verrieten das Geheimnis des Papiermachens und machten die Technik so auch im europäischen Kulturkreis bekannt.

1144 In Spanien wurde in der ersten, mit Wasser betriebenen, Papiermühle aus #Hadern (von Lumpensammlern gesammelte Hanf-, Flachs- und Nessellumpen) Papier hergestellt.

1246 Die älteste erhaltene Papierhandschrift in Deutschland ist das Registerbuch des Passauer Domdechanten Beheim, geschrieben auf italienischem Papier.

1282 Das älteste Wasserzeichen stammt aus Fabriano in Italien.

1390 Die erste Papiermühle in Deutschland errichtete Ulman Stromer in Nürnberg unter dem Namen Gleismühl.

1450 Johannes Gutenberg revolutionierte den Buchdruck durch das Setzen mit beweglichen Lettern; er verwendete Papier aus Italien.

1590 In Deutschland existierten 190 Papiermühlen.

1711 Erfindung des ›Holländers‹, der statt des Stampfprinzips das Walzprinzip bei der Faseraufbereitung nutzt.

1774 Justus Claproth publizierte das Buch *Eine Erfindung aus gedrucktem Papier wiederum neues Papier zu machen*.

1799 Erstes Patent für eine Papiermaschine von Nicolas Louis Robert. Diese Papiermaschine ersetzte drei bis vier Schöpfbütten.

1843 Der sächsische Webermeister Friedrich Gottlob Keller führte Experimente durch, bei denen er Holz unter Zugabe von Wasser unter Druck an einen rotierenden Schleifstein presste und dabei Faserstoff gewann.

1851 Erstmalige Herstellung von Zellstoff durch die Chemiker Hugh Burgers und Charles Watt.

6.2 Papierklassifikation

Papiere werden nach folgenden Gesichtspunkten unterschieden:

Naturpapier	**Verwendungszweck**
• Werkdruckpapier (ungestrichen, grobe Faserstruktur, oft gelbliche Färbung, Volumen) • Offset- und Designpapiere (alle feineren Naturdruckpapiere bis zum 1,2-fachen Volumen)	Bücher mit viel Text
gestrichenes Papier	
• Matt- und halbmatt gestrichenes Papier (uncoated) • Glänzend gestrichenes Papier (coated)	Bildbände, hochwertige Zeitschriften
Faserstoffe	
• holzfreie Papiere aus Zellstoff (holzfreie Papiere dürfen max. 5% Holzstoff enthalten): tcf (totally chlorine free = chlorfrei gebleicht) ecf (elementary chlorine free = ohne Chlorgas gebleicht) • holzhaltige Papiere aus Holzschliff: fast holzfrei fein holzhaltig holzhaltig mit Altpapier Recycling-Papiere aus 100 % Altpapier	Bücher, Zeitungen, Flyer etc.
• andere Fasern Papiere aus Kunststofffasern Papiere aus Baumwollfasern (hadernhaltig) Papiere aus Hanf, Stein, Gras, etc.	Bücher, Verpackungen, Geldscheine, Urkunden etc.
Oberfläche	
• maschinenglatt • satiniert • pigmentiert • oberflächengeleimt: nach Leimungsgrad einfach geleimt, 3/4-geleimt, vollgeleimt • maschinengestrichen: leicht gestrichen halbgestrichen vollgestrichen hochgestrichen gussgestrichen	Bücher, Zeitschriften, Zeitungen, Flyer etc.
Druckverfahren	
Offsetpapiere Tiefdruckpapiere Digitaldruckpapiere	alle Drucksachen, hohe Auflagen, niedrige Auflagen
Ausrüstung	
Formatpapiere (Bogenformat und Laufrichtung SB oder BB) Rollenpapiere (Rollenbreite)	ca. 500–5000 Auflage, höhere Auflagen

Auswahl von Papiersorten

Es werden vier Hauptsortengruppen unterschieden:

- Papier, Karton und Pappe für grafische Zwecke,
- für Verpackungszwecke,
- für technische und andere spezielle Verwendungszwecke,
- sowie Hygienepapiere.

Das Papier vermittelt ein Gefühl für das Buch. Das nimmt der Leser bewusst oder unbewusst zur Kenntnis. Die Auswahl sollte auch immer auf den Inhalt, den Verwendungszweck und die Zielgruppe abgestimmt sein. In diesem Zusammenhang sind unterschiedliche Fragen zu klären.
Haptik (lat. haptós = zum Berühren geeignet) Wie soll sich das Papier anfühlen?
Content Stehen brillante Abbildungen im Vordergrund oder die Lesbarkeit des Textes – oder muss beides gleichermaßen berücksichtigt werden?
Druckverfahren Welche Papiere kommen aufgrund unterschiedlicher Rasterweiten in Frage?
#Opazität (lat. opacitas = Trübung, Beschattung) Mit welchem Papier erreicht man bestmögliche optische Undurchsichtigkeit, damit die jeweilige Rückseite so wenig wie möglich durchscheint?
Wertigkeit Auf welchem Papier (Bibel-/Dünndruckpapier, Werkdruck- oder Bilderdruckpapier) soll das Buch auf den Markt gebracht werden?
Zertifizierung Wie wichtig ist der Umweltaspekt bei Papieren? Die Zertifizierung spielt unter dem Nachhaltigkeitsaspekt eine immer größere Rolle.
Alterungsbeständigkeit In welchem Maße wird auf Alterungsbeständigkeit Wert gelegt? Papiere die schnell vergilben sind eher etwas für schnelllebige Bücher.
Weiterverarbeitung Mit welchem Bindeverfahren (Klebebindung, Fadenheftung) soll der #Buchblock weiterverarbeitet werden? Das ist eine Frage der Haltbarkeit und des Papiers.
Verwendungszweck Welches Papier soll für welchen Verwendungszweck ausgewählt werden? Vorsatz- und Umschlagmaterial verlangen eine andere Papierstärke (#Grammatur) als der Buchblock.
Preis Wie teuer darf das Papier sein? Gestrichenes Papier ist teurer als mattes, holzfreies teurer als holzhaltiges, durchgefärbtes ist teurer als weißes und Formatpapiere sind teurer als Rollenpapiere.

6.3 Rohstoffe für die Papierproduktion

Zur Herstellung von Papier werden drei Rohstoffe verwendet:

- Wasser,
- Fasern,
- Füll- und #Hilfsstoffe.

Papierbrei wird mit dem Sieb abgeschöpft

Seit dem Mittelalter waren Lumpen (Leinen, Flachs oder Baumwolle) die wichtigsten Fasern. Diese wurden in der Papiermühle zerrissen und mit Wasser zu einem Brei zerstampft. Außerdem trieb der Bach oder Fluss über ein Mühlrad auch die Maschinen in der Mühle an.

1843 entwickelte F. G. Keller ein Verfahren, mit einem Schleifstein Holz in Fasern zu zerlegen. Auch heute besteht unser Papier überwiegend aus Holzfasern (Holzschliff oder Holzstoff), die als Primärfaserstoff bei der Herstellung von Papier verwendet werden. Als Sekundärfaserstoff kommt heute recyceltes Altpapier zum Einsatz.

Papier hängt zum Trocknen in der Papiermühle

Um die Eigenschaften des Papiers zu verbessern, werden dem Papierbrei verschiedene #Hilfsstoffe, z. B. Mineralstoffe wie Kaolin, optische Aufheller aber auch Leim und Farbpigmente zugesetzt.

Papierbestandteile

Die Inhaltsstoffe von Papier werden folgendermaßen unterschieden:

- Primärfaserstoffe: Holzstoff (Holzschliff und Zellstoff)
- Sekundärfaserstoffe: Altpapier
- #Hilfsstoffe: Füllstoffe, wie mineralische Erden (z. B. Kaolin), die die #Opazität verbessern, Leim, optische Aufheller, Farben (Pigmente).

Die für die Primärfaserstoffe verwendeten Holzarten werden nach der Länge der Fasern unterschieden und entsprechend eingesetzt. Kurzfaserige Holzarten sind Laubhözer (zum Beispiel Birke, Akazie, Espe, Eukalyptus). Sie werden zur Herstellung von Papieren mit hohen Anforderungen an Opazität, Glätte, Bedruckbarkeit und Volumen eingesetzt.

Nadelholz (zum Beispiel Fichte und Kiefer) hat längere Fasern und wird für besonders feste Papiere mit guten Laufeigenschaften verwendet.

Heute finden vermehrt andere Fasern als Primärfaserstoff Verwendung, zum Beispiel Hanf, Gras, Stein und Baumwollfasern.

Mikroskopische Aufnahmen von Holzfasern

6.4 Holz als Primärrohstoff

Der Primärfaserstoff Holz wird aus unterschiedlichen Baumarten gewonnen. Von der Nordhalbkugel kommen Kiefer, Fichte, Buche und Birke zum Einsatz, in Indonesien wird Akazie verwendet, und aus Südamerika sowie Indonesien stammt Eukalyptus. Alle Hölzer haben unterschiedliche Faserlängen und werden entsprechend ihrer Eigenschaften zu Papier verarbeitet. (Kap. 6.3)

Struktur des Holzes

Die Zellwand von Holz besteht aus drei Schichten. Die mittlere, das Lignin, ist der stabile Bestandteil der Zellwand, der die Fasern festigt und zusammenhält. Bei Papieren, die aus Zellstoff hergestellt sind, wird das Lignin im Kocher entfernt (Kap. 6.7), so dass es nicht vergilben kann. Weil Papiere, die mit Holzschliff produziert sind, ligninhaltig sind, können sie durch den Einfall von UV-Licht vergilben.

Lignin ist in Pflanzenzellen enthalten und dient dort der Stabilität; ist es im Papier enthalten, führt es dort zum Vergilben

Mikroskopische Aufnahme einer Holzfaser

Zellwand bestehend aus Zellulose (außen) Lignin (Mitte) Hemizellulose (innen)

Primärfaserstoff Gras

Bereits im 17. und 18. Jahrhundert beschäftigte man sich mit Alternativen zur Papierherstellung aus Holz. Seit 2015 steht ein Faserstoff aus Gras zur Verfügung. Die Fasern werden getrocknet, zu kurzen Fasern gemahlen und in Pellets gepresst. Durch die kurzen Transportwege, Verringerung der Wassermenge beim Produktionsprozess und nicht benötigte Chemikalien verringert sich der Carbon Footprint deutlich. Als Primärfaserstoff kann Gras bis zu 30 Prozent eingesetzt werden.

Bögen aus Graspapier

6.5 Altpapier als Sekundärfaserstoff

Das Altpapier wird zerkleinert, in Wasser aufgelöst und von Fremdstoffen gereinigt. Um die Druckfarbe von den Papierfasern zu lösen, werden Chemikalien (Natriumsilicat und Seife) zugesetzt. Dabei verbinden sich die Farbpigmente mit dem Deinkingschaum. Durch Einblasen von Luft entsteht an der Oberfläche ein Schaum, der abgeschöpft und umweltgerecht entsorgt werden muss. Zum Schluss wird der Faserbrei noch gereinigt, ehe er in der Stoffzentrale weiterverarbeitet wird.

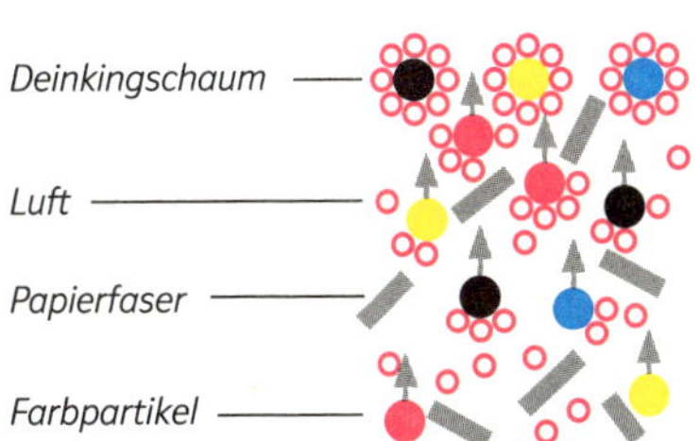

Schematische Darstellung: Deinking von Altpapier. Hierbei werden die Farbpartikel von den Papierfasern gelöst und mit dem Deinkingschaum abgeschöpft.

6.6 Holzstoffherstellung – mechanischer Aufschluss

Mechanischer Aufschluss

Das Ausgangsmaterial bei diesem Verfahren sind Holzprügel, die nach dem Entrinden in einen Füllschacht gegeben werden. Hier werden sie durch Ketten auf einen rotierenden Schleifstein gedrückt und zu Holzfasern zerrieben. Diese Fasern werden anschließend sortiert, gemahlen und gebleicht, um dann in der Stoffzentrale der Papierfabrik gelagert zu werden.

Thermomechanischer Aufschluss

Bei der thermomechanischen Zerfaserung des Holzes werden die Holzprügel in Hackschnitzel zerkleinert, mit Wasserdampf versetzt und danach im Refiner mit Hilfe von Wärme und Druck durch zwei rotierende Scheiben zermahlen. Danach gelangt der Holzschliff sortiert, gereinigt, gebleicht und eingedickt in die Stoffzentrale.

Da das Lignin bei beiden mechanischen Verfahren nicht von den Fasern gelöst wird, kann das Papier vergilben.

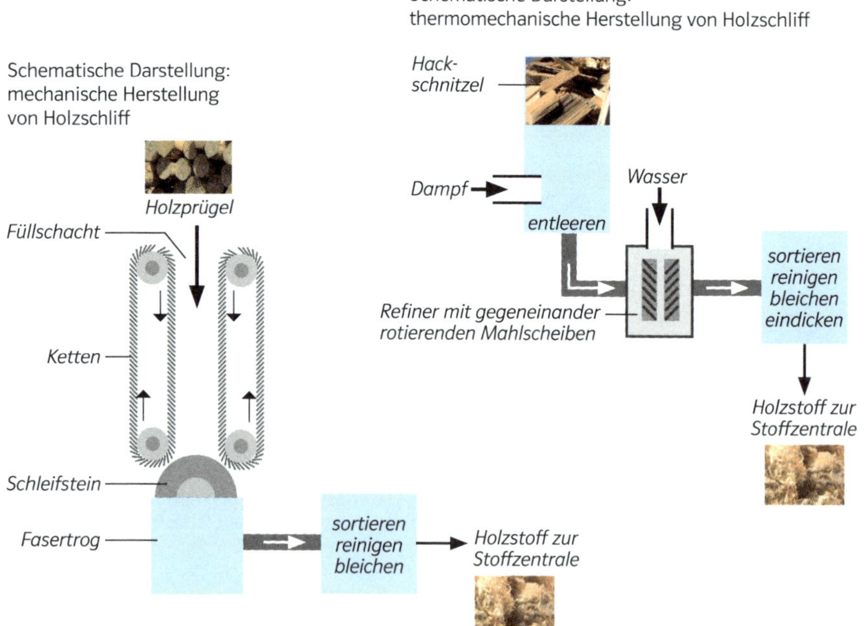

Schematische Darstellung: mechanische Herstellung von Holzschliff

Schematische Darstellung: thermomechanische Herstellung von Holzschliff

6.7 Zellstoffherstellung – chemischer Aufschluss

Beim chemischen Aufschluss wird das Holz entrindet und anschließend in der Hackmaschine zu Hackschnitzeln zerkleinert. In einem Kocher mit Sulfatlauge lösen sich die Fasern voneinander und das Lignin, das die Fasern zusammenhält, kann entfernt werden. Nach dem Sortieren, Reinigen, Bleichen und Eindicken wird der Zellstoff in der Stoffzentrale gelagert.

Das Bleichen erfolgt heute aus Umweltschutzgründen mit Ozon, Sauerstoff oder Wasserstoffperoxid.

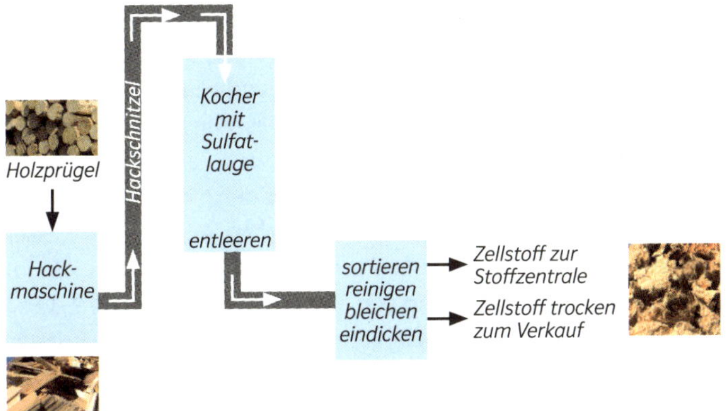

Schematische Darstellung: chemischer Holzaufschluss

Vor- und Nachteile mechanischer und chemischer Aufschluss

	Vorteile	Nachteile
mechanischer Aufschluss	• ökologisches und umweltverträgliches Verfahren • einfache Technologie • hohe Faserausbeute (bis zu 95 %)	• hoher Ligningehalt • hohe Faserbeanspruchung • hoher Energieeinsatz
chemischer Aufschluss	• fast ligninfreie Fasern • weitgehend unbeschädigte Fasern • niedriger Energieeinsatz	• relativ hoher technologischer Aufwand • niedrige Faserausbeute (ca. 40–50 %)

6.8 Papierherstellung

In der Stoffzentrale der Papierfabrik werden die Ausgangsstoffe je nach Papierart computergesteuert zusammengestellt und gemischt. Anschließend werden zu kurze Fasern sowie Fremdstoffe aussortiert. Der Papierbrei enthält jetzt je nach Papierart 0,3–1,5 % Faserstoffe, #Hilfsstoffe und Wasser. Über den Stoffauflauf kommt die Papiersuspension auf das Langsieb, das eine Breite von bis zu 11 m hat und sich mit bis zu 85 km/h bewegt, wodurch sich die Fasern hauptsächlich in der Bewegungsrichtung ausrichten. Damit ein stabiles Papier entsteht, wird das Sieb am Stoffauflauf etwas quer gerüttelt, wodurch sich ein Teil der Fasern quer zum Sieb ausrichten.

Während der Papierbrei über das Sieb befördert wird, kann ein Teil des Wassers ablaufen und nach einer Reinigung wieder in den Stoffkreislauf eingespeist werden. Das feuchte Faservlies hat jetzt einen Trockengehalt von 24 %. Um noch mehr Wasser zu entziehen, wird es jetzt auf eine Filzbahn abgegautscht und läuft durch die Pressenpartie, an deren Ende es 55–70 % Trockengehalt erreicht. Auch dieses Wasser wird wieder in den Wasserkreislauf zurückgeführt. Um das Papier auf den optimalen Feuchtigkeitswert von 4–6 % (Karton und Pappe 8–12 %) zu bringen, durchläuft die Papierbahn jetzt noch die Trockenpartie. Hier sorgen dampfbeheizte Walzen dafür, dass weiteres Wasser verdunstet.

Am Ende durchläuft die fertige Papierbahn das Glättwerk. Wassergekühlte Walzen sorgen dafür, dass das Papier auf Raumtemperatur abgekühlt wird, ehe es auf den Poperoller aufgerollt wird. Die bis zu 10 m breite Papierrolle (Tambour) kann ein Gewicht von 3–150 t haben.

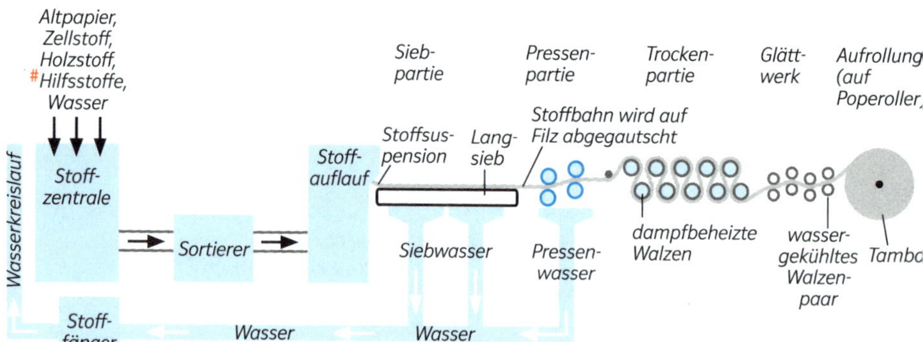

Schematische Darstellung: Papiermaschine

6.9 Papierveredlung

Je nach der Oberfläche des Papiers werden maschinenglatte, satinierte, gestrichene, geprägte und beschichtete Papiere unterschieden.

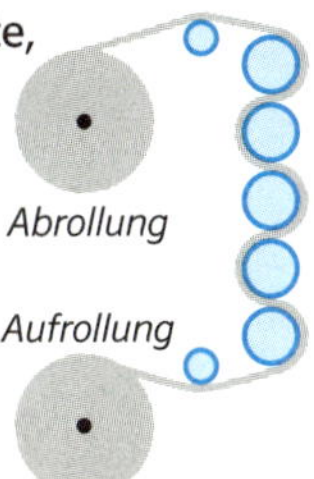

Schematische Darstellung: Papier glätten (im Kalander)

Maschinenglattes Papier entsteht durch den Einsatz eines Glättwerkes in der Papiermaschine. Es ist noch relativ rau und die Schöndruckseite (obere, etwas glattere Seite der Papierbahn) und die Widerdruckseite (untere, rauhere Siebseite) können zu erkennen sein.

Für satinierte Papiere wird der Tambour in den #Kalander eingehängt. Hier entsteht durch beidseitigen Druck von beheizten Edelstahlwalzen ein Papier mit einer sehr glatten, glänzenden und geschlossenen Oberfläche. Mit Hilfe einer gravierten Stahlwalze im Kalander kann auch ein geprägtes Papier hergestellt werden.

Mikroskopische Aufnahme von Oberflächen

glänzend

seidenmatt/satin

matt

Für hochwertige Druckerzeugnisse und solche mit einem hohen Bildanteil und großer Detailtreue werden gestrichene Papiere (glänzend, satin oder matt) verwendet, sogenannte Bilder- oder Kunstdruckpapiere. Hierbei wird die Papierbahn über mehrere Walzen auf eine einheitliche Spannung gebracht, so dass der Strich gleichmäßig auf das Papier aufgebracht werden kann. Ein nachgelagerter Rakel entfernt über die ganze Bahnbreite den zu viel aufgetragenen Strich. Die sogenannte Streichfarbe besteht hauptsächlich aus Kreide, Kaolin, Kasein oder einer Kunststoffdispersion. Unterschieden wird zwischen:

- matt und halbmatt gestrichenen Papieren,
- glänzend gestrichenen Papieren (der Glanz entsteht durch das nachträgliche Satinieren im Kalander),
- gussgestrichenen Papieren; hierbei wird die Streichfarbe im Kontakt mit einem heißen Chromzylinder getrocknet, so dass eine hochglänzende Oberfläche entsteht, und
- Chromopapieren, die nur auf einer Seite gestrichen sind.

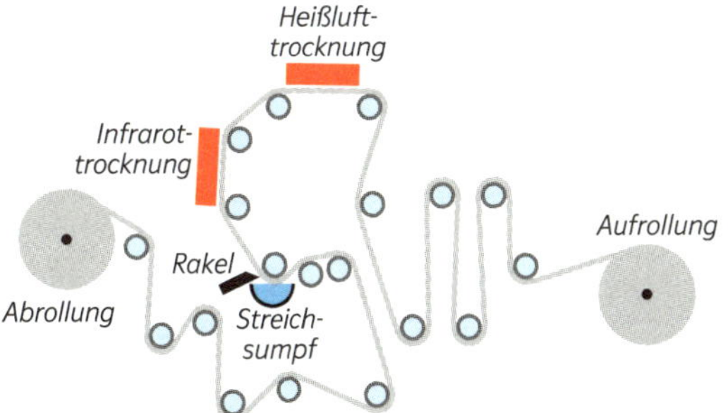

Schematische Darstellung: Papier streichen

6.10 Ausrüstung

Abschließend werden die Papierrollen für die unterschiedlichen Druckformate zugeschnitten. So entstehen entweder Rollenpapiere oder Druckbogen für sogenannte Formatpapiere.

Rollenschneider

Die in der Papierfabrik produzierte Rolle (Tambour genannt), die bis zu 11 m breit sein kann, wird im Rollenschneider mit einer kreisscheibenförmigen Messerklinge in schmalere Rollen geteilt. Dabei ist die Breite der Rolle von der Plattenbreite in der Druckmaschine abhängig.

Auf Maschinenbreite geschnittene Papierrollen

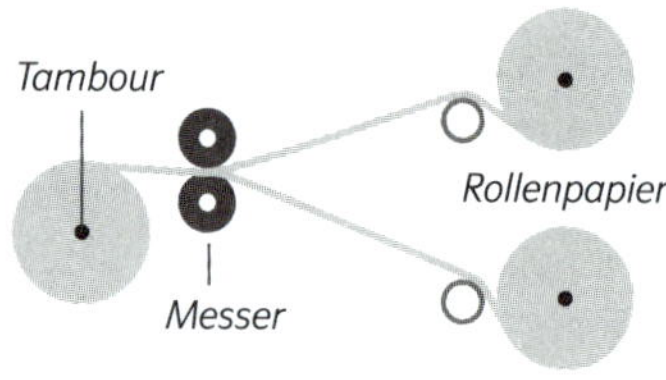

Schematische Darstellung: Rollenschneider

Querschneider

Für Bogendruckmaschinen werden Formatpapiere benötigt. Dazu wird das Papier erst der Länge nach und dann in Querrichtung zugeschnitten. Das Rohbogenformat entspricht der Größe der Druckplatten. Bei dickeren Materialien kann dazu ein Wasserstrahlschneider eingesetzt werden.

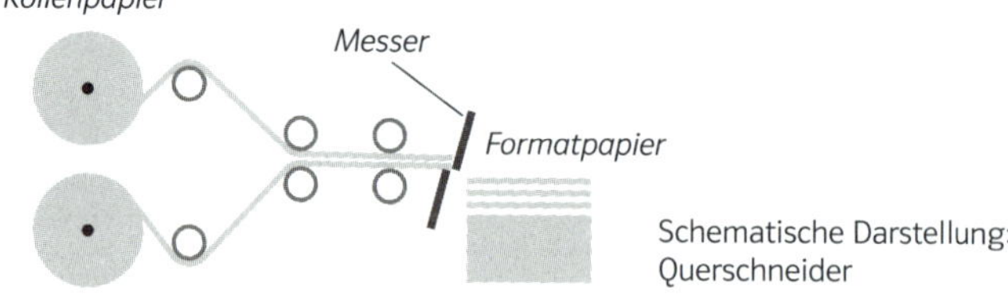

Schematische Darstellung: Querschneider

6.11 Papierberechnung

Laufrichtung

Die Fasern im Papier richten sich überwiegend in der Bewegungsrichtung des Siebes aus, woraus sich die Laufrichtung des Papiers ergibt. Sie ist entscheidend für die Qualität der Printprodukte, weil hiervon die Verarbeitbarkeit in der Druckmaschine abhängt. Die Fasern im Papierbogen sollten parallel zur Zylinderachse liegen, um die Ausdehnung durch die Feuchtigkeit der Druckfarbe möglichst gering zu halten. So kann die Passergenauigkeit (Kap. 7.7) bei mehrfarbigen Drucken besser gewährleistet werden.

Im Buch sollte die Laufrichtung des Papiers parallel zum Buchrücken laufen, damit sich das Papier nicht wellt und sich das Buch gut aufschlagen lässt. Wenn aus der Papierrolle die Druckbogen geschnitten werden, entstehen Bogen in Breitbahn (BB) oder Schmalbahn (SB). Die Papierlieferanten machen dies durch Unterstreichen des Wertes deutlich:
65 x <u>96</u> cm = Breitbahn
<u>65</u> x 96 cm = Schmalbahn.

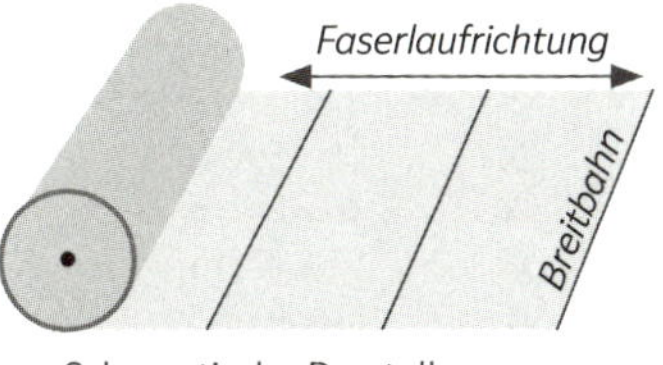

Schematische Darstellung: Breitbahn (BB)

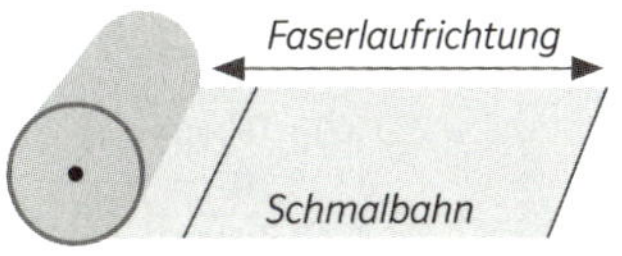

Schematische Darstellung: Schmalbahn (SB)

Um die Laufrichtung im Papierbogen feststellen zu können, sind folgende Tests möglich:

- Reißprobe: Blatt quer und längs einreißen. Hier wird der Riss mit der Faserrichtung gerader sein als der quer zur Faserrichtung.
- Nagelprobe: Papierkante zwischen Daumen und Fingernagel ziehen; die Kante, die entgegen der Laufrichtung liegt, wellt sich mehr.
- Biegeprobe: Wenn das Papier über eine Tischkante gelegt wird, biegt es sich parallel zur Laufrichtung weiter nach unten.
- Feuchtigkeitsprobe: Wird ein Blatt Papier leicht angefeuchtet, rollt es sich quer zur Laufrichtung.

#Buchblock und Einband wellen sich durch Feuchtigkeit, wenn das Papier in falscher Laufrichtung verarbeitet wird.

Papierformate

Die Druckbogenformate ergeben sich aus Breite und Umfang des Druckzylinders. Daraus resultiert die Plattengröße und damit die Größe der Druckbogen.

Die DIN-Formate (DIN 476) für Papier wurden 1923 von Walter Postmann entwickelt. Ausgangsgröße ist das Format DIN A0 mit einem Flächeninhalt von 1 m². Das Verhältnis von Breite zu Höhe ist bei allen Papieren gleich. Ausgehend vom Format A0 wird immer die längere Seite halbiert, um zum nächst kleineren Format zu gelangen.

Übersicht der Druckbogenformate, DIN-Formate in mm und Pixel (bei 72 ppi)

Formatklassen Bogenoffsetmaschinen:

Formatklassen	Druckformat = Bogenformat
00	35 × 50 cm
01	46 × 64 cm
0b	52 × 72 cm
1	56 × 83 cm
2	61 × 86 cm
3	65 × 96 cm
3b	72 × 102 cm
4	78 × 112 cm
5	89 × 136 cm
6	100 × 140 cm
7	110 × 160 cm
8	124 × 180 cm
9	140 × 200 cm

DIN-Formate in mm		**Pixel bei 72 ppi**
A0	841 × 1189	4967 x 7022
A1	594 x 841	3508 x 4967
A2	420 x 594	2480 x 3508
A3	297 x 420	1754 x 2480
A4	210 x 297	1240 x 1754
A5	148 x 210	874 x 1240
A6	105 x 148	620 x 874
…		

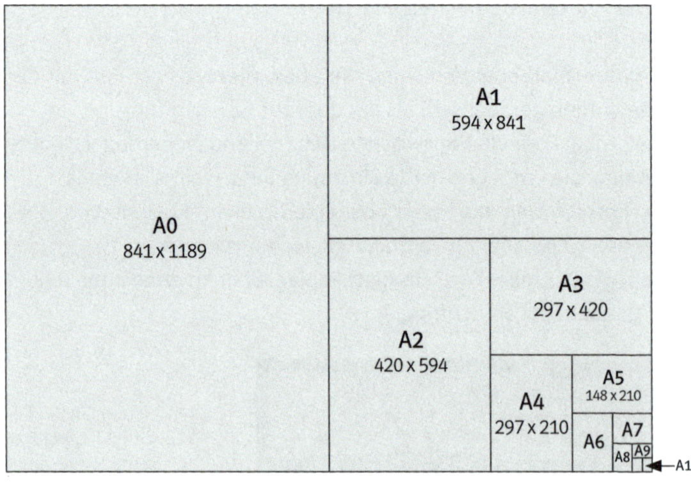

Umfangsberechnung

Bei der Umfangsberechnung wird ausgehend von der Normseite mit 1800 #Anschlägen je Seite oder von der Zeichenmenge der gelieferten Textdatei und allen Elementen, die das Buch enthalten soll, der Seitenumfang des Buches errechnet. Dies ist die Grundlage für die Ermittlung der Herstellungskosten und die Produktplanung.

Beispiel:
Ausgangsdaten
Manuskriptseite als Normseite
60 Anschläge je Zeile (Buchstaben, Satzzeichen, Leerzeichen!)
30 Zeilen / Seite
60 x 30 = 1800 Anschläge / Seite
x Manuskriptseiten = Anschläge im Manuskript
(Beim Zählen in Texterfassungsprogrammen bitte beachten, dass die Wortabstände mitgezählt werden!)

Druckseite
1 Entwurfseite mit Fließtext berechnen
(durchschnittliche Anzahl der Anschläge pro Zeile x Anzahl der Zeilen)
= Anschläge pro Seite

Berechnung

$$\frac{\text{Anschläge im Manuskript}}{\text{Anschläge pro Druckseite}} = \text{Umfang des Buches}$$

Zu berücksichtigen sind außerdem:

- Titelei,
- Inhaltsverzeichnis,
- Vorwort und Einleitung,
- Register und Literaturverzeichnis,
- Kapitelanfang (neue Seite, Doppelseite),
- Kapitelende (für je 2 Kapitel rechnet man 1 zusätzliche Seite),
- Überschriften (mit Abstand davor und danach),
- unterschiedliche Hierarchien der Überschriften,
- Texthervorhebungen und Einschubtexte (kleinere oder größere Schrift), Text mit Unterlegungen oder Rahmen, etc.,
- Leerzeilen,
- Bilder und Bildlegenden, Tabellen, Grafiken, Illustrationen,
- Fußnoten, Anmerkungen.

Papier Seite 97–160: Magno Volume, 130 g/m², 1,1-faches Volumen

Beim Berechnen der Seitenzahl auf *einer* Bogenseite des Druckbogens muss bedacht werden, dass für die Klebebindung am Rücken des gefalzten Bogens 3 mm abgefräst werden und dass der #Buchblock auf drei Seiten (oben, außen und unten) 3–5 mm #beschnitten wird. Außerdem wird Platz für Passermarke, #Farbkontrollstreifen, Flattermarke, Druckanlage, Falzanlage und Greiferrand benötigt.

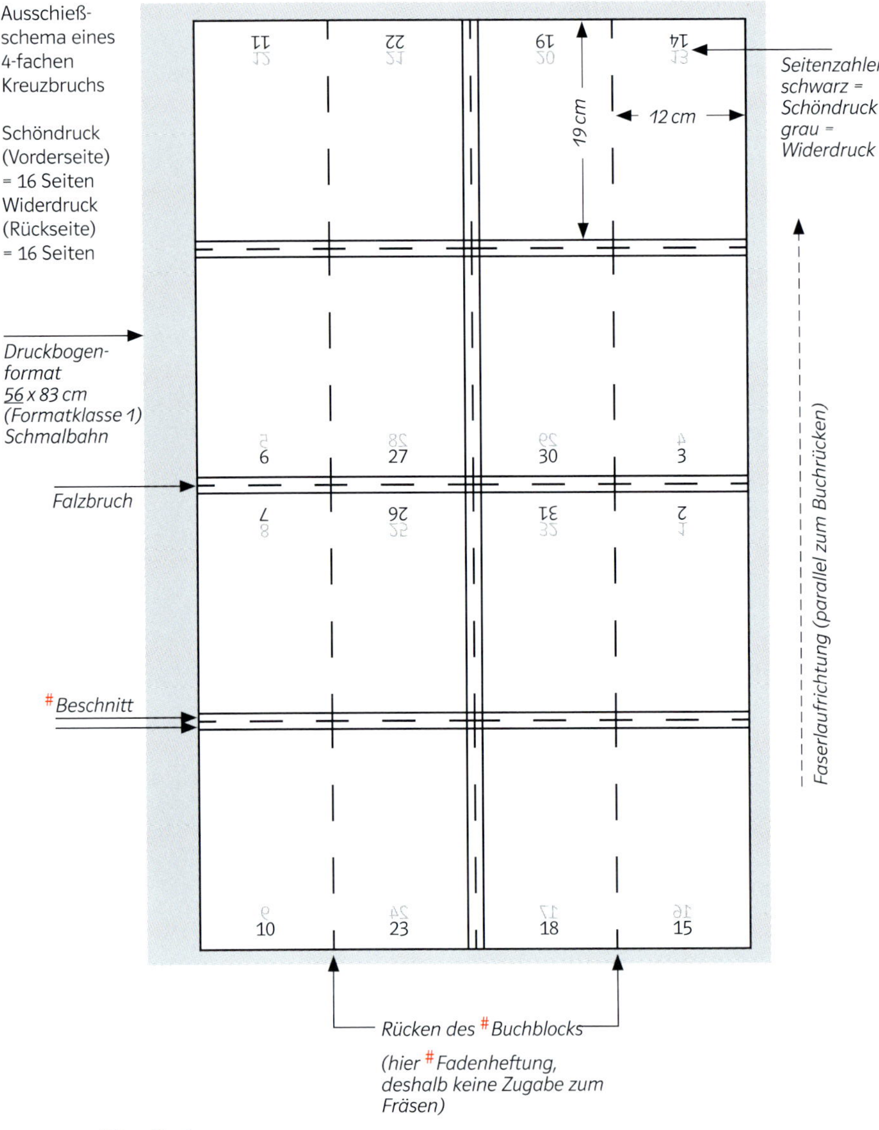

Berechnung der Papiermenge

Voraussetzung für die Berechnung der für ein Buch benötigten Papiermenge sind folgende Angaben:

- Format des beschnittenen Buchblocks
- Bilder oder Fondflächen im Beschnitt
- Umfang/Seitenzahl
- Auflagenhöhe und Druckzuschuss
- Größe des Druckbogens
- Anzahl der Seiten, die auf dem Bogen stehen (#Schön- und Widerdruckseite)
- Bindeart (Fadenheftung, Klebebindung)

Beispiel:

- Buchformat: 12 x 19 cm
- Umfang: 160 Seiten
- Auflage: 10 000 Exemplare + 5 % Druckzuschuss
- Formatklasse 1 = 56 x 83 cm
- Seiten pro Bogen: 32 (Schön- und Widerdruckseite)
- #Fadenheftung, Bilder im Beschnitt

Rechenweg 1:

$$\frac{\text{Gesamtumfang}}{\text{Seiten je Bogen}} = \text{Bogenanzahl je Buch}$$

Bogenanzahl je Buch x Auflage + Druckzuschuss

$$\frac{\text{160 Seiten}}{\text{32 Seiten}} = \text{5 Rohbogen je Buch}$$

5 Bogen je Buch x 10 000 Auflage
= 50 000 Bogen + 5 % Druckzuschuss
= <u>52 500 Bogen</u>

Rechenweg 2:

$$\frac{\text{Umfang x (Auflage + Druckzuschuss)}}{\text{Seiten pro Bogen}} =$$

$$\frac{160 \text{ x } (10\,000 + 500)}{32} = \underline{52\,500 \text{ Bogen}}$$

6.12 Zertifizierte Papiere

Seit Mitte der 1980er Jahre gibt es den ›blauen Engel‹ auch für Druckerzeugnisse. Inzwischen sind es verschiedene Siegel, die den Carbon Footprint, also die CO_2-Emission, die bei der Erzeugung von Papier entstehen, zertifizieren. Dabei werden von der nachhaltigen Forstwirtschaft über die Papierproduktion und die eingesetzten Chemikalien bis zum Recycling alle Produktionsschritte einbezogen. Jeder beteiligte Lieferant muss sich jedes Jahr zertifizieren lassen, so dass eine kontinuierliche Einhaltung der Kriterien gesichert ist.

Folgende Siegel sind gebräuchlich:

Forest Stewardship Council, seit 1983
FSC 100 %: mit 100 % zertifizierten Primärfasern
FSC Mix: Mix aus FSC-zertifizierten Fasern und aus kontrollierten Quellen
FSC Recycled: Fasern aus 100 % Altpapier

Pan European Forest Certification Council, seit 1999
Schutz von Boden und Wasser
Gesundheit und Vitalität des Waldökosystems
Erhaltung biologischer Vielfalt
Beachtung sozioökonomischer Aspekte

Ecolabel der EU, seit 1992
Fasern aus Altpapier oder nachhaltiger Forstwirtschaft
festgelegte Grenzwerte von Treibhausgasen
Verminderung der Wasserverschmutzung
Festlegung des maximalen Energierverbrauchs

Blauer Engel, seit 1977
Recycelte Fasern aus 100 % Altpapier
Grenzwerte für chemische Zusatzstoffe
Verzicht auf optische Aufheller, Chlor, halogenierte Bleichchemikalien etc.

7 Druckverfahren

Dieses Buch wurde im Bogenoffsetdruck produziert, der bei einer Auflage von 500 bis 5000 Exemplaren wirtschaftlich rentabel ist. Sollte bei gleichbleibender Qualität die Auflage höher liegen, empfiehlt es sich, Angebote für den Rollenoffsetdruck einzuholen. Oftmals entscheiden die Druckereien auch selbst, ob sie Bogenoffset- oder Rollenoffsetdruck einsetzen.

Bei dieser Publikation wäre ein Rollenoffset allein aufgrund der drei verwendeten Papiersorten nicht zu realisieren. Das Argument mit den verwendeten Papieren klärt auch die Frage, ob vielleicht nicht der #Digitaldruck im Rahmen einer PoD-Kleinauflagen-Produktion (Printing on Demand) eine sinnvolle Druckalternative gewesen wäre. Er wäre es nicht, obwohl die Auflagenzahl 700 nicht dagegen spricht..

Die Qualität des Druckbilds hängt entscheidend von der sorgfältigen Arbeit im Pre-Press-Bereich ab. An erster Stelle ist die Qualität der Abbildungen zu nennen, die in dem Buch zur Geltung kommen sollen. In unserem Buch handelt es sich vor allem um Fotos und Grafiken, die in CMYK (Cyan, Magenta, Yellow, Black) und s/w (schwarz/weiß) angelegt sind. Damit kein Moiré entsteht, sind sie amplitudenmoduliert gerastert, wobei es sich in Anbetracht der verwendeten Papiersorten um ein 60er AM-Raster handelt. Letztendlich kommt es auch auf die Fachleute im Druckgewerbe an, die den Druckauftrag noch einer abschließenden Qualitätskontrolle unterziehen.

Sind das Papier, die Rasterweite und das Druckverfahren optimal aufeinander abgestimmt, dann erhält man ein perfektes Druckergebnis: Die Bilder sehen brillant aus, die Schrift ist blendfrei zu lesen und die Haptik des Buches passt zu seinem Inhalt.

7.1 Druckverfahren Übersicht

mit physischer Druckform

	Hochdruck	**Tiefdruck**	**Flachdruck**
	druckende Elemente erhaben	druckende Elemente vertieft	druckende und nicht druckende Elemente auf einer Ebene
schematische Darstellung Bedruckstoff Farbe Druckform			
Druckverfahren	- Flexodruck - Letterpress - Buchdruck (heute nur noch z. B. Pressendrucke)	- Rakeltiefdruck - Bogentiefdruck - Rollentiefdruck	- Bogenoffset indirekter Offset und direkter Offset - Rollenoffset
Auflagenhöhe	ab 50 Buchdruck bis ca. 3000	Rakeltiefdruck ab 100 000	Bogenoffset 500–50 000 Rollenoffset 15 000–1 000 000
Rasterweite bzw. #dpi	48–60er Raster	70er Raster	Bogenoffset bis zu 120er Raster Rollenoffset bis zu 64er Raster
Produkte/ Materialien (beispielhaft)	Flexodruck: Verpackungen, Beschriftungen, Münzen, etc. Letterset: Verpackungsmaterial, Formulare, Wertpapiere, Becher, Dosen, CDs, DVDs Buchdruck: Sonderausgaben klassischer Hochdruck: Stanzen, Prägen, Perforieren	Kataloge, Werbebeilagen, Verpackungen, Dekordrucke, Tapeten, Banknoten etc.	Bogenoffset: Bücher, Zeitschriften, Flyer, etc. Rollenoffsetdruck für hohe Auflagen
historische Druckverfahren und/oder künstlerische Druckverfahren	- Holzschnitt - Holzstich - Linolschnitt - Materialdruck - Stempeldruck	- Radierung - Stahlstich - Kupferstich - Mezzotinto (Schabtechnik)	- Lithografie - Lichtdruck - Monotypie - Aquatinta

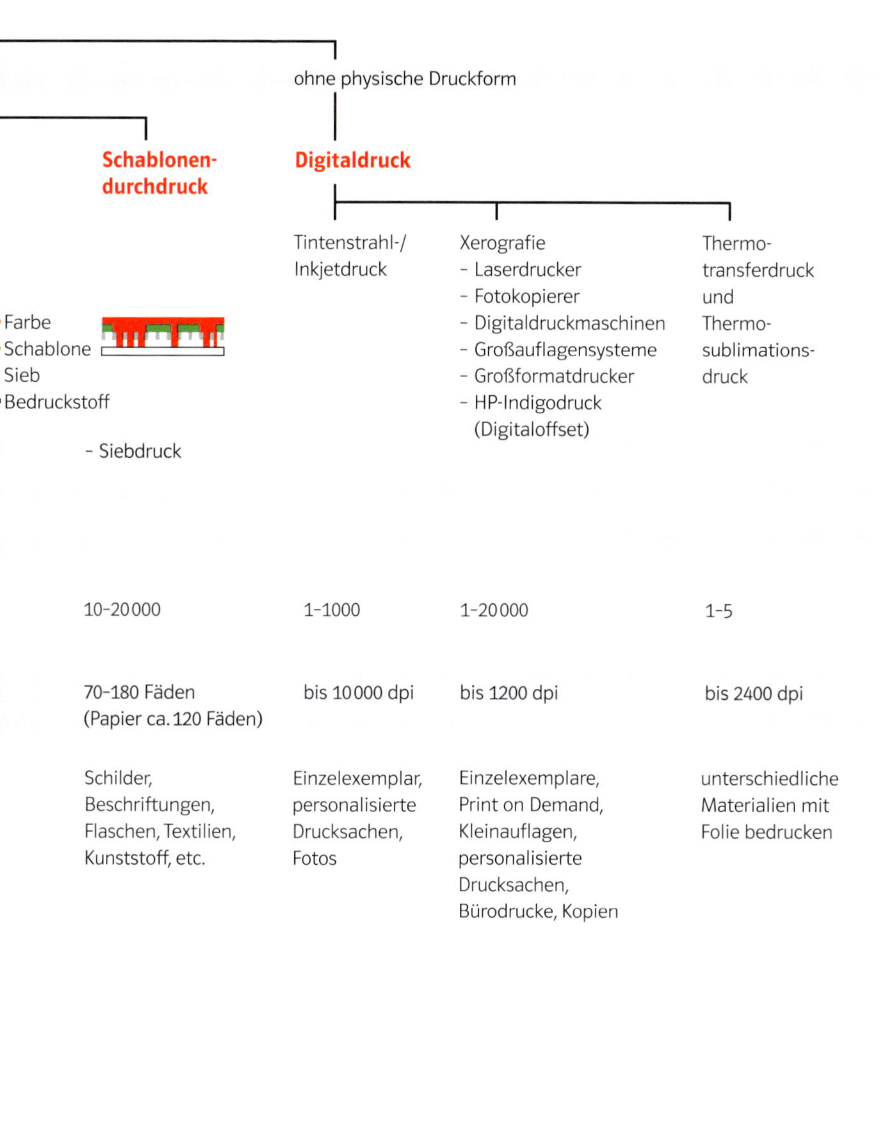

- Siebdruck
- Serigrafie

- Thermotransferdruck und Thermosublimationsdruck
- Alu-Dibond

7.2 Hochdruck

Jahrhundertelang wurden Texte und Bilder durch Abschreiben mit der Hand und mit verschiedenen Schreibwerkzeugen auf unterschiedlichen Materialien vervielfältigt. Mitte des 15. Jahrhunderts entwickelte Johannes Gutenberg in Mainz das Setzen und Drucken mit beweglichen Lettern. Bis in die 1970er Jahre war der Hochdruck das am meisten verwendete Druckverfahren.

Diese Art des Druckens wird bis heute von Künstlern, z. B. beim Holzstich und Holzschnitt, Linolschnitt, Materialdruck, Stempeldruck oder Letterpress verwendet.

Holzstich von H.-J. Walch (1927–1991) aus: Goethe, *Der Mann von fünfzig Jahren*. Ein Beispiel für künstlerische Hochdruckverfahren.

Signet des Insel Verlags. Klischees gibt es im Buchdruck für Strich- und Rasterabbildungen.

Es gibt aber auch Pressendruckereien, Museen und Hochschulen, die Bücher mit Bleisatz im so genannten Buchdruck herstellen. Mit klassischen Hochdruckmaschinen wie Heidelberger Zylinder und Tiegeldruckpressen wird heute noch geprägt, gestanzt und perforiert.

Kniehebelpresse, Baujahr 1845

Heidelberg-Tiegel, Baujahr 1970. Diese Maschine wurde von 1926 bis 1985 gebaut.

Aktuell findet der industrielle Hochdruck im Flexodruck für die Produktion z. B. von Tapeten- und Dekordrucken, Verpackungen, Beschriftungen, Etiketten, Lottoscheinen, Tragetaschen etc. Verwendung. Damit steht er in Konkurrenz zum Tiefdruck, der zwar die bessere Qualität bietet, aber durch die aufwändige Herstellung der Druckplatten teurer ist.

Druckplatte für den Flexodruck. Dies ist ein direktes Hochdruckverfahren, bei dem die dünnflüssige Druckfarbe vom Farbwerk auf eine Rasterwalze mit Tausenden von Näpfchen aufgetragen wird. Von dort wird sie auf die hochstehenden Teile der Druckform (Fotopolymer oder Gummi) und von da auf den Bedruckstoff übertragen.

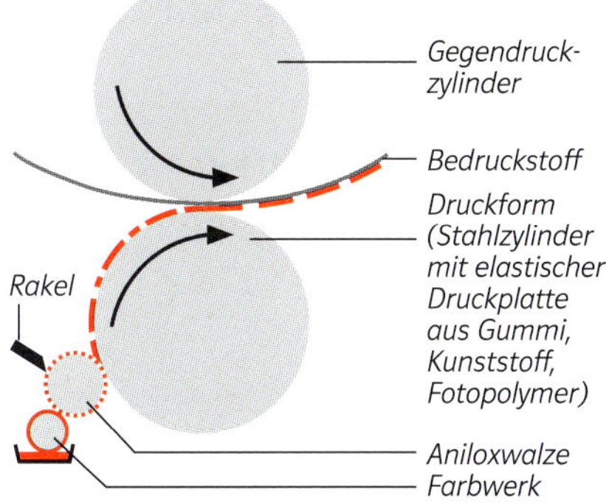

Schematische Darstellung des direkten Hochdrucks

Flexodruck mit 6 Druckwerken. Im Verpackungsdruck werden häufig mehr als 4 Druckfarben (CMYK) benötigt. Mit zusätzlichen Druckwerken können z. B. Sonderfarben und Drucklack in einem Durchgang verarbeitet werden.

Für Verpackungen, Formulare, Wertpapiere, Becher, Tuben, Dosen, CDs, DVDs etc. kommt der Letterpress zum Einsatz. Bei diesem indirekten Hochdruckverfahren wird die Farbe von den hochstehenden Teilen der Druckform zuerst auf einen Zwischenträger (eine Rolle mit einem Gummituch) und von da auf den Bedruckstoff übertragen. Ein Nachteil dieses Druckverfahrens ist es, dass Raster über 60 l/cm, ≈ 150 lpi = 60er Raster (Kap. 5.3, 5.4, 5.6) nicht gut wiedergegeben werden können.

7.3 Tiefdruck

Allen Tiefdruckverfahren gemeinsam ist, dass die druckenden Teile (Texte und Bilder), die die Farbe aufnehmen, tiefer in der Druckplatte liegen, als die nichtdruckenden Teile. Entwickelt hat sich der Tiefdruck aus den künstlerischen Druckverfahren Kupferstich (im deutschen Raum erstmals 1430 nachgewiesen), Radierung, Stahlstich und Mezzotinto.

Ätzradierung, Schloss und Stadt Heidelberg, 1815–1817

Stahlstich, Bildnis des Franz Liszt, 1838

Mezzotinto mit Schabeisen

Auftragen des Ätzgrundes für eine Radierung. © Jens Rusch

Beim Rakeltiefdruck bestehen die Druckformen aus einem Stahlzylinder, der erst mit einer Grundschicht aus Kupfer, dann einer dünnen Trennschicht aus Silber und zum Schluss mit der Ballathaut (einer Kupferschicht aus 100 µm dünnem Kupfer) umhüllt wird. In diese Schicht werden unterschiedlich tiefe und breite Näpfchen geätzt, graviert oder gelasert. Zum Schluss wird die Oberfläche durch Polieren und Verchromen gehärtet. Dadurch sind hohe Auflagen (zwischen 5000 und 500 000 Exemplaren) möglich.

Durch die unterschiedliche Farbmenge, die sich in jedem dieser Näpfchen sammelt, sind Halbtöne (verschiedene Farbnuancen) sehr gut darstellbar. Für jede Farbe wird beim Druckprozess ein Druckzylinder angefertigt, der durch eine Farbwanne läuft. Damit die Farbe danach nur in den Vertiefungen (Näpfchen) verbleibt, wird sie mit einem Rakel (Schaber) von den hochstehenden Teilen wieder entfernt und läuft in die Farbwanne zurück. Die Farbübertragung erfolgt durch den hohen Anpressdruck des Gegendruckzylinders an den Druckzylinder und die Adhäsionskräfte des Papiers (oder anderer Bedruckstoffe).

Der Vorteil beim Tiefdruck ist die gute Qualität bei der Darstellung von Halbtonabbildungen bei hohen Auflagen. Der Nachteil besteht darin, dass Schriften und Flächen auch gerastert werden müssen, so dass die Konturen unscharf erscheinen. Außerdem ist die Herstellung des Druckzylinders aufwändig und dadurch teuer.

Verwendung findet der Bogentiefdruck z. B. bei Banknoten, Dekor- und Textildrucken, Displays, sowie bei Sonderfarben, Leuchtfarben, Lacken etc. Der Rollentiefdruck wird bei hohen Auflagen, wie Katalogen, Verpackungen, Zeitschriften etc. eingesetzt.

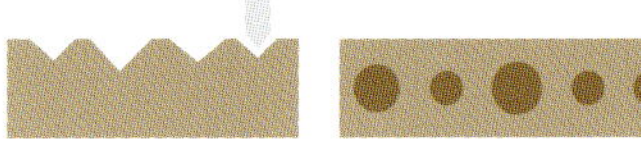

Beim Tiefdruck werden unterschiedlich tiefe und breite Näpfchen in der Druckplatte erzeugt. Dadurch sammelt sich darin unterschiedlich viel Farbe, wodurch Halbtöne nicht nur simuliert, sondern wirklich dargestellt werden können.

Beim Tiefdruck sind Bilder, Volltonflächen und auch Schriften gerastert. Dadurch wirken Konturen oft etwas ›unscharf‹.

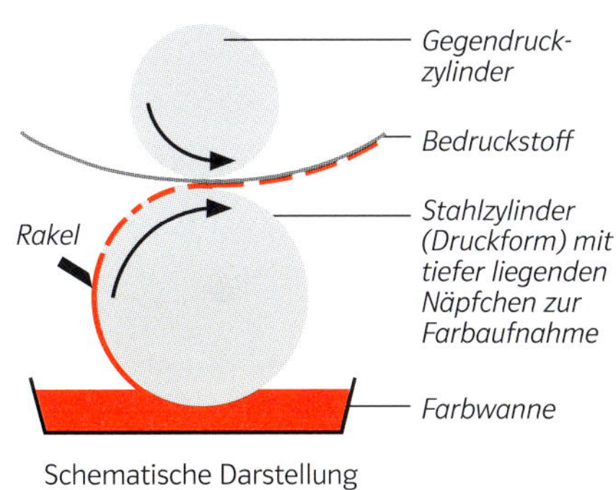

Schematische Darstellung des Rakeltiefdrucks.

7.4 Flachdruck

Lithografiestein mit Abbildung einer Burg bei Rosenheim, 1829

Bei allen Flachdruckverfahren liegen druckende und nichtdruckende Stellen auf einer Ebene der Druckform. Entstanden ist der heutige Offsetdruck aus der Lithografie (gr. lithos = der Stein, graphein = schreiben). Bei dieser Technik, von Alois Senefelder 1798 entwickelt, wird eine Kalksteinplatte (Solnhofener Plattenkalk aus dem Altmühljura) aufwändig geglättet und mit einer Zeichnung aus fetthaltiger Kreide versehen. Die Platte wird erst angefeuchtet und anschließend mit Druckfarbe eingefärbt.

Bei der Farblithografie muss für jede Farbe ein Stein vorbereitet werden. Die Zeichnung wird mittels Konturenzeichnung auf die Steine übertragen. Passkreuze garantieren die Passgenauigkeit.

Henry John Elwes, *Monography of the genus Lilium*, 1877

Mit der Erfindung der Fotografie wurde um 1870 als Druckverfahren für Halbtonabbildungen der Lichtdruck entwickelt. Hierbei wird eine 10 mm dicke Glasplatte, auf die eine lichtempfindliche Gelatineschicht aufgebracht ist, mittels eines Halbtonnegativs belichtet. Die auftreffende Menge des Lichts bestimmt, wie weit die Gelatine gehärtet wird. Mit kaltem Wasser wird dann der Aushärtungsprozess unterbrochen und das ›Runzelkorn‹ (als ›Raster‹) entsteht. Von dieser Platte können 1000 (max. 2000) Exemplare gedruckt werden.

Lichtdruck einer Postkarte, Frankfurt am Main um 1900

rechts: Ausschnitt mit deutlich sichtbarem Runzelkorn

Der Offsetdruck (engl. set off = absetzen) ist heute das am meisten verbreitete Druckverfahren. Er ist ein indirektes Druckverfahren. Hierbei wird die Druckinformation, also Texte und Bilder, von der Druckplatte (hier ist das Druckbild positiv, also seitenrichtig) auf einen Zwischendruckzylinder, der mit einem Gummituch bespannt ist (Druckbild negativ, also seitenverkehrt) auf den Bedruckstoff übertragen.

Die Druckfom besteht meist aus einer Aluminiumplatte, deren Beschichtungen unterschiedliche Eigenschaften haben. Die sehr dünne äußere Schicht wird für Schrift und Bilder mittels Laser abgetragen, so dass an dieser Stelle die darunter liegende Schicht mit den anderen Eigenschaften erscheint.

Beim Druck wird die Platte zuerst angefeuchtet. Dabei nehmen die nichtdruckenden Stellen die Feuchtigkeit an (sie sind #hydrophil), und die druckenden Stellen stoßen die Feuchtigkeit ab (sie sind #oleophil). Danach wird durch das Farbwerk die Farbe (schwarz, CMYK, Sonderfarbe, Lack etc.) aufgetragen, wobei die wassertragenden Stellen die Farbe abstoßen, so dass diese nur an den druckenden Stellen haftet.

Der Vorteil des wasserlosen Offsetdrucks ist, dass kein Feuchtwerk benötigt wird, so dass der Druck scharfe Konturen aufweist und dass feinere Raster möglich sind, weil die Farb-Feuchtmittel-Konkurrenz fehlt. Ein Nachteil ist, dass die dafür benötigten Druckplatten und -farben teurer sind als beim konventionellen Offsetdruck.

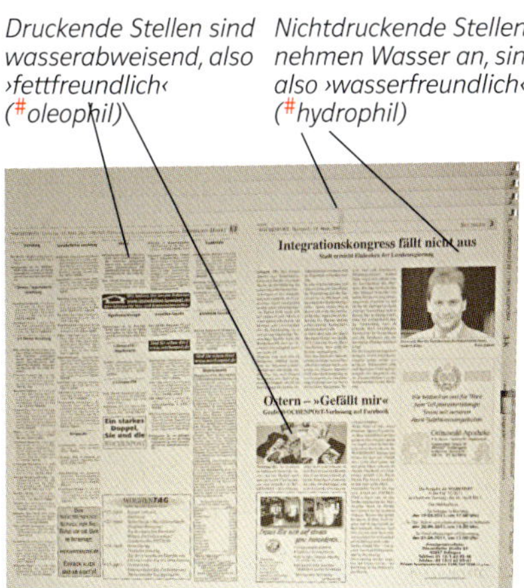

Beim Offsetdruck liegen die druckenden und nichtdruckenden Stellen auf einer Ebene. Nichtdruckende Stellen sind hydrophil und druckende Stellen sind oleophil.

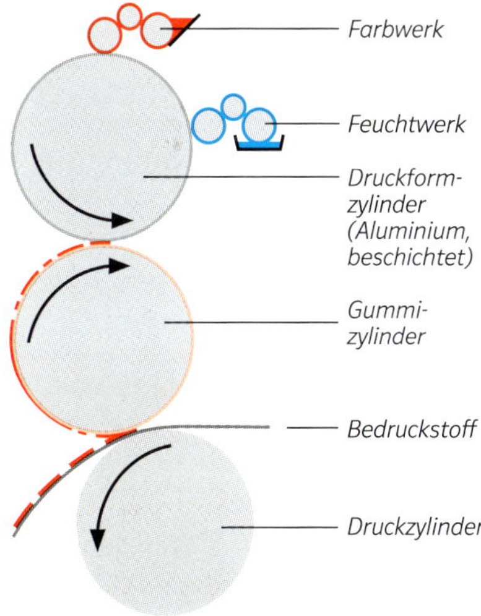

Schematische Darstellung des Offsetdrucks

Im Bogenoffset werden auf das Druckmaschinenformat abgestimmte beschnittene Druckbogen verarbeitet. Dabei kann man verschiedene Maschinen wählen: 1-farbig (schwarz oder eine andere Farbe), 2-farbig (schwarz und z. B. Sonderfarbe), 4-farbig = CMYK oder 5- bis 8-farbig.

Auch das Wenden oder Umschlagen der Bogen in einer Maschine ist möglich, so dass in einem Druckgang erst die #Schön- und dann die Widerdruckseite bedruckt werden kann. Im Bogenoffset werden viele Drucksachen erzeugt: Visitenkarten, Bücher, Kunstbildbände, Zeitschriften, Kataloge, Flyer etc.

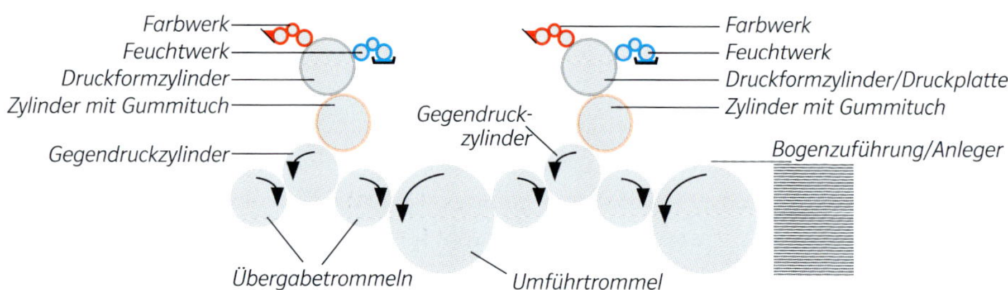

Schema einer 2-farbigen Druckmaschine im Bogenoffsetdruck
Jedes Druckwerk besteht aus dem Druckzylinder, auf dem die Druckplatte befestigt ist, Feucht- und Farbwerk, sowie dem Gegendruckzylinder. Vom Anleger, der das Papier bogenweise in die Maschine übergibt, werden die Bogen durch Übergabetrommeln durch das Druckwerk geführt und am Ende wieder als Stapel abgelegt. Nach dem Durchlauf der Bogen durch die oben abgebildete Maschine sind diese auf einer Bogenseite mit zwei Farben bedruckt.

Für hohe Auflagen kommt der Rollenoffsetdruck zum Einsatz. Hier wird eine Papierbahn auf der #Schön- und Widerdruckseite gleichzeitig bedruckt. Anschließend wird das Papier getrocknet, abgekühlt, gefalzt und ausgelegt. In Inlinefertigung kann der #Buchblock gleich als #Klebebroschur gebunden werden. In den meisten Fällen wird 1/1-farbig oder 4/4-farbig gedruckt. Im Unterschied zum Bogendruck wird hier als erstes Schwarz gedruckt – also KCMY.

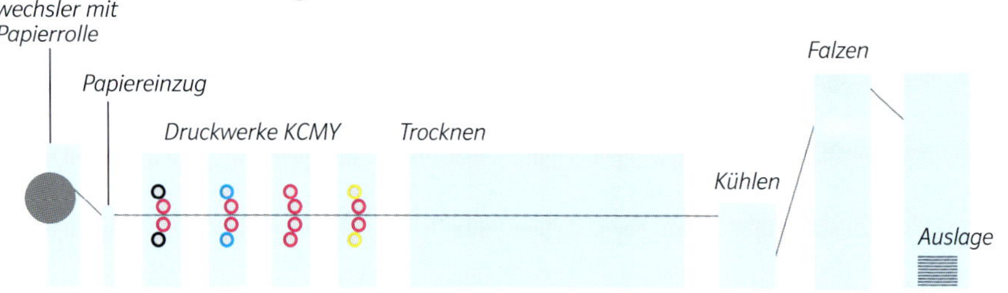

Schema einer 4/4-farbigen Druckmaschine im Rollenoffsetdruck.

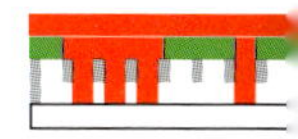

7.5 Siebdruck

Entstanden ist der Siebdruck im Mittelalter als Schablonentechnik. Im 19. Jahrhundert wurde er dann u.a. für die Beschriftung von Schildern und im Textildruck eingesetzt. Anfang des 20. Jahrhunderts fand er in der Kunst Verwendung, z.B. für Plakate, oder auch in der Technik für Displays etc.

Beim Siebdruck wird die Druckfarbe mit einem Gummirakel durch ein feines Gewebe, das in einen Rahmen gespannt ist, auf das zu bedruckende Material getragen. An den Stellen, an denen das Sieb nicht geschlossen ist, kann die Farbe durch das Sieb auf den Bedruckstoff übertragen werden.

Der Vorteil beim Siebdruck ist, dass flache und dreidimensionale Materialien, z.B. Flaschen, Tuben, Textilien, Displays, Aufkleber etc., bedruckt werden können, dass der Farbauftrag 10–20mal stärker ist als in anderen Druckverfahren und dass er sowohl für geringe als auch hohe Auflagen eingesetzt werden kann. Häufig wird er auch für Spezialeffekte wie volldeckende oder lasierende sowie fluoreszierende Farben und Lacke verwendet. Außerdem können helle Farben auf dunklen Untergründen gedruckt werden. Ein Nachteil besteht darin, dass feine Raster und Linien nicht möglich sind, da die Maschenweite und Fadendicke durch das Sieb vorgegeben ist.

Schablonendruck, Friesornament, Berlin 1872–1874

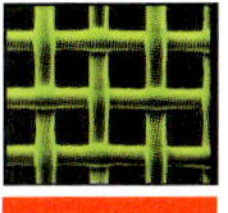
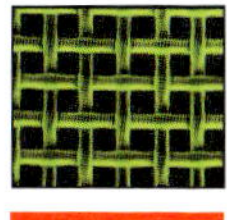
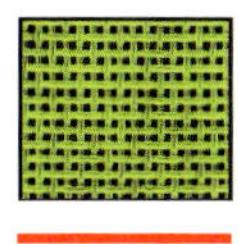

Der Farbauftrag beim Siebdruck ist abhängig von der Fadenstärke und der Maschenweite des Gewebes. Die ›Rasterweite‹ wird in Faden/cm oder Maschen/cm angegeben.

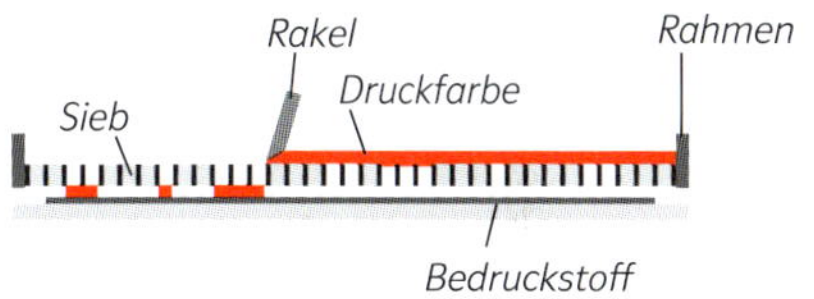

Schematische Darstellung des Siebdrucks

Handwerklicher Siebdruck

Industrieller Siebdruck

7.6 Digitaldruck

Der #Digitaldruck wird als Begriff sowohl für den Laserdruck (Xerografie) als auch für den Tintenstrahldruck (Inkjetdruck) verwendet. Allen gemeinsam ist, dass sie keine Druckform (Druckplatte) benötigen und sich dadurch für Einzelexemplare und personalisierte Drucke eignen.

Xerografie

Hierbei wird zwischen Laserdruckern, Kopierern und Digitaldruckmaschinen unterschieden. Je nach System sind Auflagen von 1 bis 500 (bei Großauflagensystemen auch mehr) Exemplare möglich. Gedruckt wird mit den Farben CMYK, aber in zusätzlichen Laufwerken sind auch Sonderfarben (z. B. Pantone oder hauseigene Farbtöne) sowie Lack oder sogar weiß möglich. Die Tonerpartikel haben eine Größe von 50–30 µm, wodurch der Toner fast flüssig wirkt.

Der Vorteil des Laserdrucks besteht darin, dass Buchstaben und Flächen klare Konturen haben, aber Fotos und Farbverläufe schlechter als im Tintenstrahldruck dargestellt werden. Es ist eine Rasterweite bis 1200 #dpi möglich (Kap. 5.4).

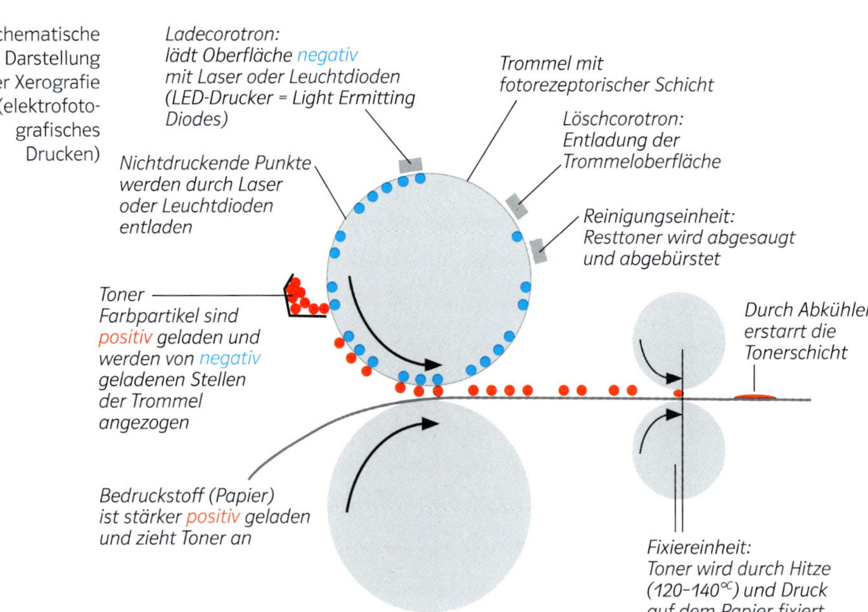

Schematische Darstellung der Xerografie (elektrofotografisches Drucken)

Inkjetdruck

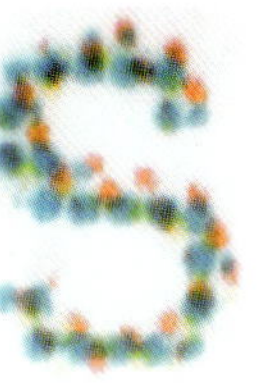

Graues ›S‹ aus verschiedenen Farbpunkten zusammengesetzt (Höhe 1 mm)

Bei den Tintenstrahldruckern gibt es Desktopdrucker (für private und geschäftliche Nutzung), Großformatdrucker und Fotodrucker. Das Verfahren ist sowohl bei Einzelexemplaren (z. B. Personalisierung) als auch bis zu einer Auflage von ca. 1000 Exemplaren wirtschaftlich. Es kann mit Tinten in #CMYK, #RGB, Sonderfarben (Pantone oder HKS) sowie weiß oder mit Lack gedruckt werden.

Der Vorteil dieser Drucker ist die gute Detailwiedergabe von Bildern und Farbverläufen. Konturen von Flächen und Buchstaben werden allerdings etwas unscharf, da alle Elemente aus kleinen Tropfen entstehen. Bei Desktop- und Proofdruckern wird mit FM-Raster (mit einer Rasterweite bis zu 2400 #dpi), bei Auflagendruckern mit AM-Rastern (Rasterweite wie im Offsetdruck) gearbeitet (Kap. 5.4).

Man unterscheidet drei Verfahren, mit denen die Farbtröpfchen erzeugt werden.

Beim Continuous-Inkjet-Verfahren wird ein permanenter Tintenstrahl erzeugt, der in kleine Tröpfchen zerlegt wird. Die Tröpfchen werden mit Hilfe einer Ladeelektrode aufgeladen. Die Ablenkelektroden lenken die nicht benötigten Tröpfchen ab, die dann in den Tintenbehälter zurückgeführt werden. Diese Drucker werden hauptsächlich in der Industrie eingesetzt.

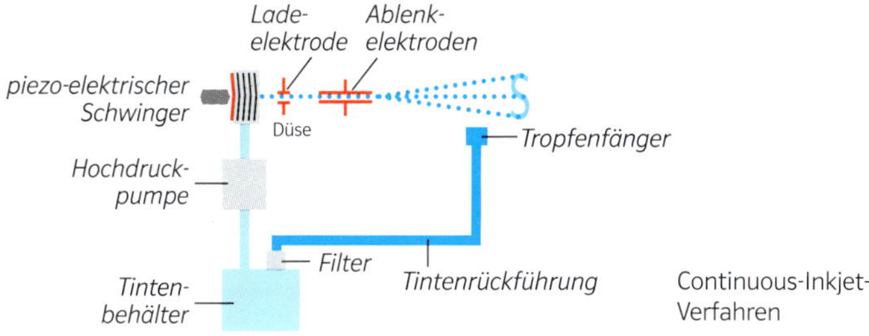

Continuous-Inkjet-Verfahren

Das Piezoverfahren ist ein sogenanntes DOD-Verfahren (Drop-on-Demand), bei dem vom Druckkopf durch bis zu 23 000 Schwingungen/Sekunde des Piezo-Kristalls einzelne Tröpfchen erzeugt und auf den Bedruckstoff gebracht werden.

Die Bubble-Jet- bzw. Thermo-Verfahren zählen ebenfalls zu den DOD-Verfahren. Hier wird durch Hitze die Tinte explosionsartig aus dem Druckkopf auf den Bedruckstoff ›geschossen‹.

7.7 Passergenauigkeit

nicht passgenau gedruckter Buchstabe

nicht passende Farben (CMYK) im Passkreuz

Die Seiten müssen auf der Schöndruck- und Widerdruckseite (Vorder- und Rückseite des Druckbogens) so angeordnet sein, dass sie nach dem Falzen in der richtigen Reihenfolge liegen (Kap. 6.11). Besonders bei textreichen Büchern müssen die Seiten registerhaltig sein, damit die Zeilen auf der #Schön- und Widerdruckseite deckungsgleich stehen.

Außerdem muss auf Passergenauigkeit geachtet werden. Bei Passerdifferenzen stehen die Farben leicht nebeneinander, so dass sie ›blitzen‹. Dies kann mit Hilfe von Passkreuzen ausschlossen werden.

7.8 Weitere Fachbegriffe

CTP (Computer to plate): Druckplatten werden direkt vom PC aus im Plattenbelichter bebildert.

PoD (Print On Demand): Publikationsverfahren, bei dem ein Dokument in digitaler Form vorliegt und bei Bedarf gedruckt wird. Oft auch Book On Demand, Book In Time oder Publishing On Demand genannt.

RIP (Raster Image Processor, dt. Rastergrafikprozessor): Soft- und Hardware, mit der digitale Daten (Schrift und Bild) umgerechnet werden, um die Druckplatten zu belichten.

8 Buchbinden

Für dieses Buch entschied man sich für die #Fadenheftung, weil diese bei dem verwendeten gestrichenen Papier das beste #Aufschlagverhalten und die längere Haltbarkeit gewährleistet – auch wenn dieses Verfahren aufwändiger und damit teurer ist als die Klebebindung. Zusätzlich wird der Buchrücken mit PUR-Kleber (Polyurethankleber), abgeleimt, damit beim Aufschlagen des Buches keine Lücken zwischen den einzelnen Lagen/Falzbogen zu sehen sind. Anschließend wird der zuvor bedruckte und viermal gerillte Umschlag umgelegt und angepresst. Zum Schluss werden #Buchblock und Umschlag zusammen an drei Seiten (am Kopf und Fuß, sowie an der Vorderkante) beschnitten. Danach erfolgt der Trockenvorgang.

Die Fadenheftung wird überwiegend für Hardcover-Produktionen angewendet. Da aber das Reihenkonzept der BRAMANN Basics die Einbandart #Broschur (Softcover, Paperback) vorsieht, entschied man sich für eine fadengeheftete Broschur.

In vielen Großbetrieben erfolgt der Bindevorgang automatisiert direkt im Anschluss an den Druckvorgang, indem man dort den Druckmaschinenpark um eine ›Bindestraße‹ ergänzt (= Inlinefertigung). In kleineren Druckereien hingegen stellen Druck und Bindung häufig zwei separate Vorgänge dar, die teilweise sogar arbeitsteilig von zwei getrennten Unternehmen ausgeführt werden.

Bevor Bücher die Druckerei bzw. Binderei in Richtung Kunde oder Auslieferungslager verlassen, werden sie geschützt. Früher galt ein um die Ware geschlagenes Papier als ideale Schutzlösung für jegliche Lager- und Transportgüter. Doch dann kam die Ära der Schrumpffolie. Diese schmiegt sich unter Einwirkung von Wärme eng um das Packgut, schützt ebenfalls vor angestoßenen Ecken und lässt aufgrund ihrer Materialbeschaffenheit einen Blick auf Einband und Cover zu. Obwohl mittlerweile umweltfreundliche und ressourcensparende Folien zur Anwendung kommen, gibt es immer mehr Verlage, die eine Folienlösung generell ablehnen. Für diese Reihe wurde – auch im Hinblick auf die Zielgruppe – von Anfang an auf den Einsatz von Einschweißfolien verzichtet.

Ein Römer liest eine Schriftrolle

Gebrauchsbuch mit Beschlägen und Schließen

Prachtband aus dem Mittelalter

Für den Rücken dieses mittelalterlichen Umschlags wurde eine alte Handschrift verwendet (Palimzest)

8.1 Kleine Geschichte des Buchbindens

Seit dem Beginn handschriftlicher Texte wurden einzelne Blätter durch verschiedene Techniken zusammengefügt und mit unterschiedlichen Materialien geschützt. Die älteste bekannte Form sind die Rotuli – Schriftrollen, die in Ägypten und Griechenland verbreitet waren. Die Rollen bestanden aus zusammengefügten Papyrusblättern oder aneinander genähten Pergamenthäuten, die auf zwei Holzstäben befestigt werden, um sie beim Lesen ab- und aufrollen zu können. Bis heute wird z. B. die Thorarolle für den jüdischen Gottesdienst verwendet.

Im 4./5. Jahrhundert wurden die Rollen nach und nach von dem Codex abgelöst. Codices waren ursprünglich einzeln beschriebene Holz- oder Wachstafeln, die zusammengeheftet wurden. Die ältesten bekannten Holztäfelchen stammen aus dem 3. Jahrhundert v. Chr. aus Griechenland, später abgelöst von Papyrusblättern, die nach dem Falzen zu einem Block zusammengeheftet und durch Holzbrettchen geschützt wurden. In der Folgezeit setzte man als Beschreibstoff immer öfter Pergament ein, das zwar teurer aber immer verfügbar war, da es nicht importiert werden musste.

Ab dem Mittelalter wurden die beschriebenen Lagen mit Gebrauchs- oder Prachteinbänden ausgestattet, die in der Regel mit überzogenen Holzdeckeln versehen wurden. Der aus Leder oder Pergament bestehende Bezug wurde mit geprägten Ornamenten und Motiven ausgestattet. Da die Gebrauchsbände oft liegend aufbewahrt wurden, hatten sie zum Schutz Metallbeschläge an den Ecken, außerdem wurde auf dem Vorderschnitt der Buchtitel vermerkt. Betuchte Auftraggeber ließen besondere Prachtbände mit Edelmetallen, Edelsteinen, Schnitzereien, Goldschmiedearbeiten etc. aufwändig verzieren.

Mit der Entwicklung des Buchdrucks durch Johannes Gutenberg im 15. Jahrhundert entstanden zusätzlich zu den Handschriften gedruckte Buchblöcke aus Papier, bei denen die Lagen weiterhin mit Fäden zusammengebunden wurden, ehe man sie mehr oder weniger aufwändig mit dem Einband verband. Erst mit dem Aufkommen der industriellen Buchproduktion in der Mitte des 19. Jahrhunderts änderten sich durch neue Technologien und höhere Auflagen auch Ausgabeformate für Printproduktionen.

8.2 Handwerkliche Buchbinderei

Bis zur Verwendung des Rollenrotationsdrucks 1863 wurden die Bücher ausschließlich per Hand gebunden. Auch heute gibt es diesen Bereich des Buchbindens noch, wenn auch in geringem Umfang. Es werden u. a. folgende Arbeiten ausgeführt:

- Binden von kleinen Auflagen,
- Bibliotheksarbeiten, Reparaturen, zum Beispiel von zerlesenen Büchern und defekten Einbänden,
- Anfertigen von bibliophilen Einbänden,
- Goldschnitt, Schuber etc.,
- Restaurierung von beschädigten Büchern, zum Beispiel von Büchern mit Wasser-, Brand- oder Tierschäden.

Ein nach dem Brand in der Anna-Amalia-Bibliothek in Weimar gerettetes Buch. © Bodow

Buch nach Papierrestaurierung. © Richard King, atelier KALA

Alte Bucheinbände mit sich lösender Bindung

Die Anfertigung von Schubern ist immer noch Handarbeit. © Carlsen

Gold-Farbschnitt

8.3 Industrielle Buchbinderei

Falzarten

Bevor die bedruckten Bogen in der Buchbinderei verarbeitet werden können, müssen sie eventuell noch beschnitten werden. Dies ist nötig, wenn der Bogen größer ist, als die bedruckte Fläche der Seiten.
Es gibt verschiedene Möglichkeiten, die Bogen zu falzen:

- Kreuzbruch,
- Parallelbruch; hier liegen alle Falzkanten parallel zueinander,
- oder auch aus einer Kombination von beiden Varianten.

Für jede Falzart gibt es unterschiedliche Ausschießschemata (Kap. 6.11).

Beim Kreuzfalz werden die Falze im rechten Winkel zueinander ausgeführt. Es gibt den einfachen Kreuzbruch, das sind 2 Blatt, also 4 Seiten (zwei Druckseiten auf der #Schön- und zwei Seiten auf der Widerdruckseite), den zweifachen Kreuzbruch mit 8 Seiten, also 4 Seiten auf der Schön- und 4 Seiten auf der Widerdruckseite, den 16-seitigen Druckbogen (mit 8 Seiten auf der Schön- und 8 Seiten auf der Widerdruckseite) etc.

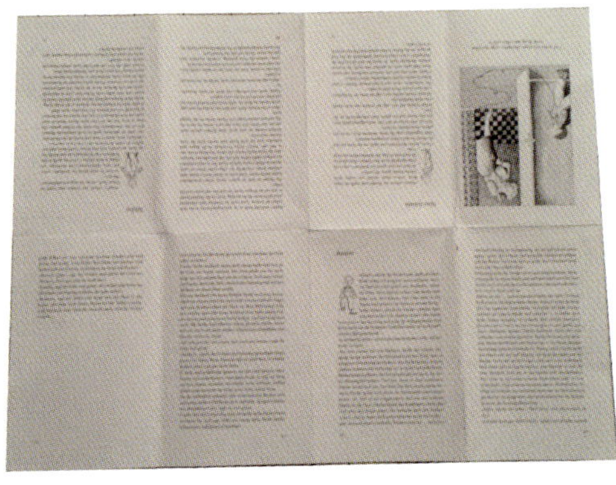

Für einen 16-seitigen Falzbogen müssen drei Brüche kreuzweise ausgeführt werden. Auf der Schön- und Widerdruckseite befinden sich jeweils 8 Druckseiten.

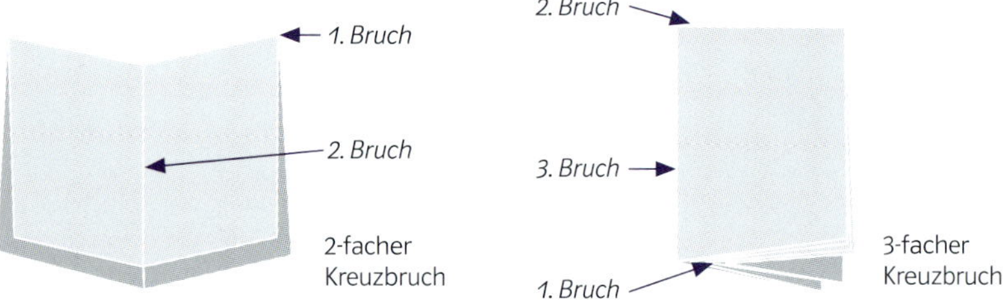

Beim Parallelfalz liegen alle Brüche parallel zueinander. Es wird unterschieden zwischen:

- Leporello-, Z- oder Zickzackfalz (dieser kann nicht geheftet werden),
- Wickelfalz, ein mehrmals gewickelter Bogen,
- Fenster- oder Altarfalz.

Leporello-, Fenster-, Altar- und Wickelfalz werden häufig für Beilagen oder Flyer eingesetzt.

Leporello-, Z- oder Zickzackfalz, links als 2-Bruch-, rechts als 4-Bruchfalz

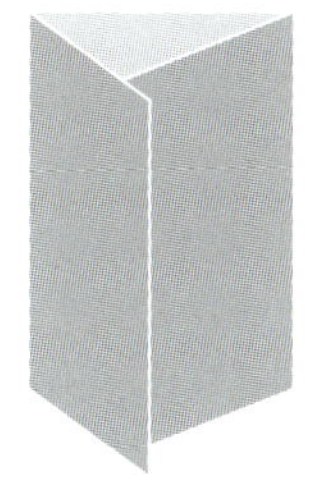
Wickelfalz, als 2-Bruchfalz (es entstehen 6 Seiten)

Fenster- oder Altarfalz

Bei einem kombinierten Falz wird der Kreuzbruch zum Beispiel mit dem Wickelfalz zu einem 12- oder 24-seitigen Bogen kombiniert. Ein 12-seitiger Bogen (6 Seiten auf der Schöndruck- und 6 Seiten auf der Widerdruckseite) kann aus einem 2-Bruch-Zickzack und einem 1-fachen Kreuzfalz entstehen.

Dies kann sinnvoll sein, wenn Bilder durch den Bund (also über eine Doppelseite hinweg) angeordnet werden, oder wenn je nach Maschinenformat (Kap. 6.11) der Gesamtumfang des Buches besser in 12- als zum Beispiel in 16-seitige Bogen aufgeteilt werden kann.

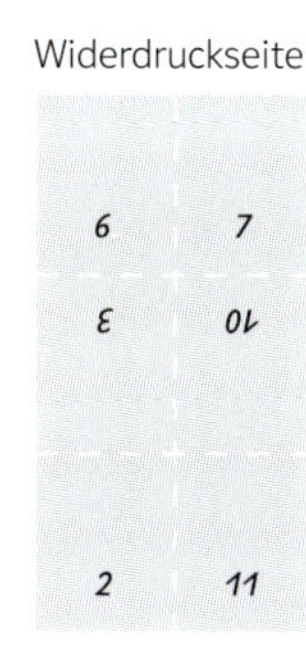

Kombinierter Bruch für einen 12-seitigen Bogen mit 2-Bruch-Wickel- und Kreuzfalz

Falzmaschinen

Der Kreuzfalz kann in der Schwert- oder Taschenfalzmaschine ausgeführt werden, der Parallelfalz dagegen nur in der Taschenfalzmaschine. Bei Klebebindung (Kap. 8.5) – besonders bei Papieren mit hoher #Grammatur, einem hohen Volumen und bei vielen Seiten auf einem Bogen – werden die Falze perforiert, damit keine Luft eingeschlossen wird und dadurch Quetschfalten entstehen.

Beim Messer- oder Schwertfalz wird der Bogen über Transportbänder bis zu einem Anschlag transportiert. In der Mitte des Bogens kommt dann von oben das Falzmesser und drückt den Bogen nach unten, wo er von den nach innen rotierenden gummierten oder geriffelten Falzwalzen mitgenommen wird. Es können mehrere Falzwerke im Winkel von 90° nacheinander angeordnet werden.

Schwert- oder Messerfalzmaschine

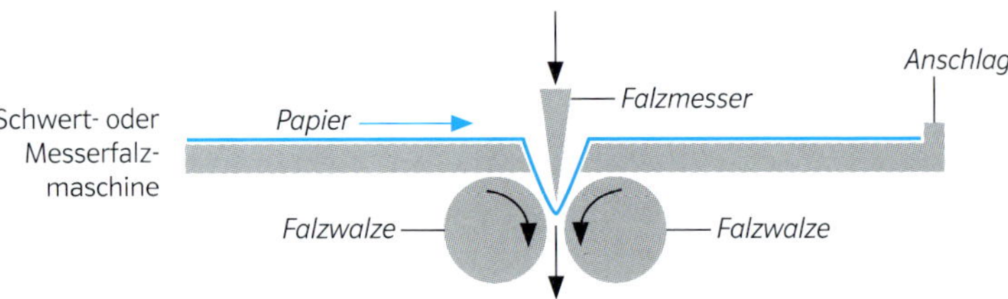

Beim Taschenfalz wird der Bogen über Walzen bis zum Anschlag in die Falztasche geführt. Die dadurch entstehende Stauchfalte wird von den nach innen rotierenden Falzwalzen erfasst und nach unten geführt. Je nach Anzahl der Falzbrüche können mehrere Falztaschen hintereinander angeordnet werden. Für kombinierte Brüche können beide Systeme kombiniert werden.

Taschen- oder Stauchfalzprinzip

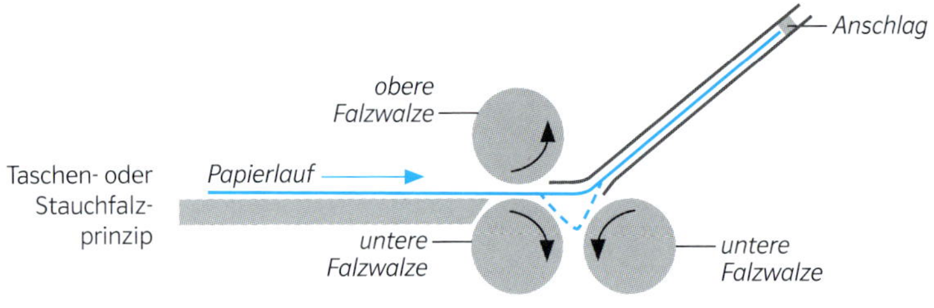

8.4 Fertigstellung des Buchblocks

Zusammentragen

Die gefalzten Bogen werden in den Anlegestationen vor dem Sammelhefter gestapelt und dort lagenweise übereinander gelegt. Dabei können verschieden starke Falzbogen (Minimum vier Seiten) oder Bogen aus verschiedenen Materialien miteinander kombiniert werden. Dieses Verfahren wird sowohl für die Klebebindung als auch für #Fadenheftung und Fadensiegeln verwendet (Kap. 8.5).

Zusammentragen der gefalzten Lagen

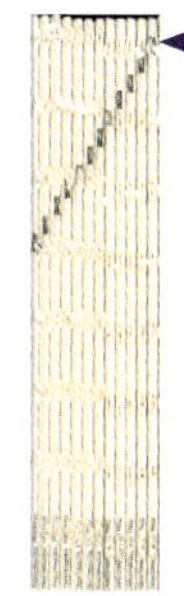

Flattermarken

Die Kontrolle der richtigen Reihenfolge und der Vollständigkeit der Bogen geschieht anhand der Flattermarken. Diese werden beim Ausschießen des Bogens (Kap. 6.11) so montiert, dass sie am Rücken des Falzbogens treppenartig angeordnet sind. Um zu überprüfen, dass die Bogen richtig gefalzt sind, wird beim Ausschießen die Bogensignatur auf die erste und dritte Seite in den Beschnitt gestellt.

Sammeln

Für Klammer-, Ringösen- oder Spiralbindung werden die einzelnen Bogen (Lagen) im Sammelhefter ineinander gesteckt. Dies erfolgt inklusive Umschlag direkt vor dem Heften.

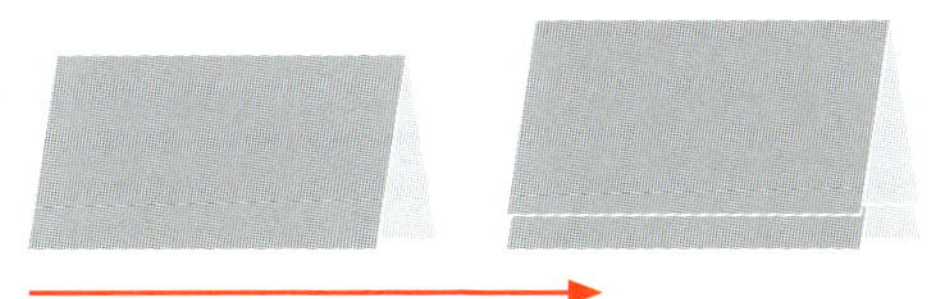

Sammeln der gefalzten Lagen

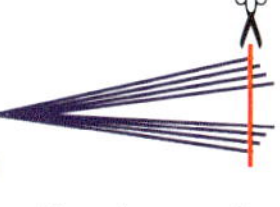

Bundzuwachs durch das Sammeln der Bogen

Je nach Papier und Umfang würden durch das Sammeln die inneren Bogen immer weiter herausragen. Das muss beim Ausschießen (Kap. 6.11) berücksicht werden, damit der Außensteg nicht kleiner wird, sondern der Satzspiegel (Kap. 3.8) etwas weiter zum Bund hin ›wandert‹.

8.5 Bindetechniken

Klebebindung

Bei dieser Broschur sind der Buchblock und der Umschlag mit Hotmeltkleber verbunden.

Beim Klebebinden wird der zusammengetragene #Buchblock im Klebebinder von Zangen gefasst und zusammengepresst. Zuerst wird der Buchrücken zwei bis zu 3 mm abgefräst, damit der Kleber, der am Rücken und auf einem schmalen Streifen am Rand (an der ersten und der letzten Seite des Buchblocks) aufgetragen wird, mit jeder Seite in Kontakt kommt und in diese etwas eindringen kann. Diese 3 mm müssen schon bei der Bogenmontage berücksichtigt werden.

Rollen leimen erst den Rücken und dann 3 mm der ersten und letzten Seite des Buchblocks, ehe der vorgefertigte Umschlag umgelegt werden kann.

Auch die Papierart ist zu bedenken. Bei der Klebebindung sind ungestrichene Papiere gestrichenen vorzuziehen, weil der Leim besser in das Papier eindringen kann und dadurch eine bessere Verbindung entsteht (Kap. 6.2). Es kommen drei Klebstoffarten zum Einsatz:

- Hotmeltkleber
  Dieser Klebstoff wird heiß aufgetragen und erstarrt beim Erkalten, wodurch er den Buchblock mit dem Umschlag verbindet. Als Nachteile gelten zum einen die geringe Alterungsbeständigkeit des Klebers, der mit der Zeit zunehmend spröde wird, wodurch sich die Buchseiten lösen, und zum anderen das nicht so gute Aufschlagverhalten durch die Klammerwirkung am Buchrücken.
- Dispersionskleber
  Der bei der Klebebindung am häufigsten verwendete Leim ist der Dispersionskleber. Mit Hilfe der Hochfrequenztrocknung wird der Prozess beschleunigt, so dass die Bücher auch in Inlinefertigung (Kap. 8.6) produziert werden können. Der Vorteil des Dispersionsklebers ist das gute #Aufschlagverhalten der Bücher.
- Polyurethan-Kleber
  Der PUR-Kleber wird in der Klebebindung überwiegend bei gestrichenen Papieren verwendet. Allerding ist der Produktionsaufwand und damit der Preis relativ hoch.

Fadenheftung

Offener Buchrücken mit Fadenheftung

Die maschinelle #Fadenheftung ist ein traditionelles Bindeverfahren, denn bereits die ersten geschriebenen Blätter und Bogen wurden mit Fäden zusammengehalten. Die gefalzten Bogen werden leicht geöffnet. Dann wird von innen mit einer Vorstechnadel ein Loch durch den Rücken des Bogens gestochen und mit der Nähnadel der Faden von außen nach innen geführt. Vom Fadenschieber wird der Faden übernommen und mittels einer Hakennadel in das nächste Loch übergeben, um von dort durch den Rücken des Bogens nach außen gehoben zu werden. Danach werden die Fäden mit der nächsten Lage verknotet.

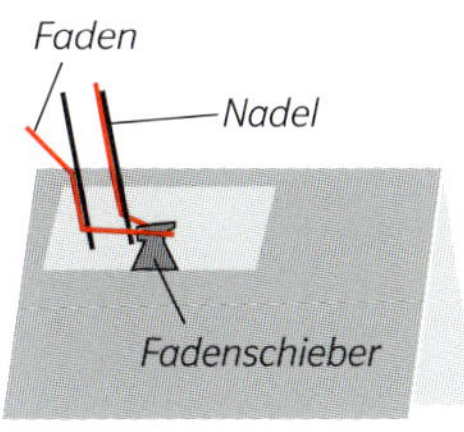

Ablauf beim Fadenheften

Damit sich die einzelnen Lagen im #Buchblock noch besser verbinden, wird der Buchrücken abgeleimt und bei stärkeren Bänden mit einem #Fälzel oder Gazestreifen versehen. Dies erfordert wieder eine Trocknungszeit, ehe der Buchblock weiter verarbeitet werden kann.

Der Vorteil beim #Fadenheften ist das gute Aufschlagverhalten der Bücher. Außerdem sind die Bücher lange haltbar, da sich keine einzelnen Seiten herauslösen können. Ein Nachteil ist die teure Produktion durch den aufwändigeren Herstellungsprozess.

Fadensiegeln

Durch den Rücken der gefalzten Druckbogen werden von innen nach außen Klammern aus einem kunststoffummantelten Faden gestoßen, umgelegt und durch Druck und Hitze am Rücken des Bogens an der Siegelschiene verschweißt. Anschließend werden die Bogen zur Weiterverarbeitung als #Broschur zusammengetragen und in der Klebemaschine am Rücken abgeleimt, mit dem Umschlag versehen und beschnitten. Für die Fertigung als Hardcover wird erst ein #Fälzel angeklebt, ehe der Buchblock mit Vorsatz und Einband weiter produziert werden kann.

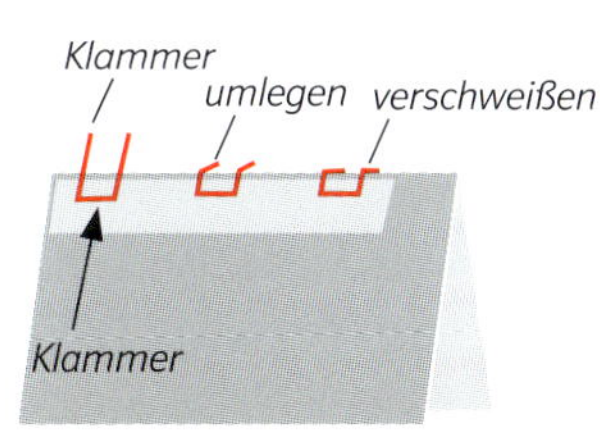

Ablauf beim Fadensiegeln

Klassische Japanbindung

Blockbindung/seitliche Fadenheftung/Japanbindung

Die Blockbindung wurde in Japan und China schon früh verwendet und breitete sich von dort auch nach Europa aus. Hierbei werden die Bogen aus einem Viertelbogen (4 Seiten) auf der Außenseite bedruckt, in der Mitte gefalzt und dann an der offenen Seite gebunden. Mit dieser Methode können dünne Papiere (Japanpapier) so verarbeitet werden, dass Bild und Text nicht auf der Rückseite durchscheinen.

Die Bogen werden zusammengetragen und mit einem von außen sichtbaren Faden gebunden. Dabei wird von oben – ohne die Seiten vorher zu falzen – durch den Papierblock hindurchgenäht. Erst danach bekommt das Papier vorne eine Knickkante.

Fadenrückstichheftung

Für die Fadenrückstichheftung werden die gedruckten Bogen zunächst gesammelt (Kap. 8.4). Danach wird der Faden mit der Nadel durch alle Seiten geführt und verknotet. Diese Variante ist – abhängig vom Gewicht und Volumen des Papiers – nur bis zu einem Umfang von vier Bogen (80 Seiten) sinnvoll.

Rückstichheftung mit rotem Faden

Drahtklammerheftung/Rückendrahtheftung

Wie bei der Fadenrückstichheftung werden die gedruckten Bogen zuerst durch Sammeln ineinander gesteckt (Kap. 8.4) und dann mit Klammern durch den Rücken aller Lagen verbunden. Auch hier sollten es nicht mehr als 80 Seiten sein, da durch das Umeinanderlegen der Seiten, der Innensteg/Bundsteg bei den außen liegenden Seiten immer kleiner wird (Auswachsen der Seiten). Vorteile der Rückendrahtheftung sind das gute Aufschlagverhalten, lange Haltbarkeit und die kostengünstige Produktion. Die Verwendung von Ösenklammern ist besonders für das Abheften in Ordnern geeignet.

Für einfache Drucksachen eignet sich die Seitenklammerheftung. Dabei werden die Klammern entweder in der linken oberen Ecke oder parallel zum Buchrücken durch alle Seiten hindurch angebracht.

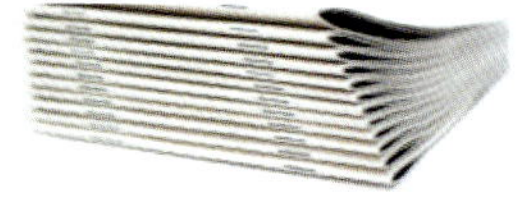

Drahtklammerheftung/Drahtrückstichbroschur

Drahtklammerheftung mit Ösenklammern

Ringbindung/Spiralbindung

Die einzelnen Blätter werden zunächst gestapelt, dann beschnitten und gelocht. Anschließend wird die Spirale eingefügt. Es gibt verschiedene Spiralformen, z. B. Drahtkamm-/Wire-O-Spiralen oder aber Spiralen mit unterschiedlichen Durchmessern, Farben und aus Plastik oder ummanteltem Draht.

Der Vorteil dieser Bindung besteht darin, dass verschiedene Materialien blattweise zu einem Buch verbunden und die Seiten um 360 Grad umgeschlagen werden können. Ein Nachteil ist, dass diese Produkte relativ instabil sind und dadurch nicht gut im Regal stehen.

links: Spiralbindung

rechts: Drahtkammbindung/ Wire-O-Bindung

Buchschrauben

Farbfächer mit Schraube

Verschiedene Systeme bieten eine Möglichkeit, einzelne Blätter zu Büchern, Broschüren, Loseblattwerken, aber auch Farbfächern oder Speisekarten zu verbinden. Die Buchschrauben können aus Metall (vernickelt oder messingfarben) oder aus Kunststoff bestehen. Sie bestehen aus zwei Teilen, die miteinander verschraubt werden können. Der Vorteil ist die lösbare Verbindung, durch die nachträglich Seiten ausgetauscht werden können. Der Nachteil ist die aufwändige manuelle Verarbeitung, die nur für kleine Auflagen geeignet ist.

Ring- oder Reißmechanik

Auch bei dieser Technik können einzelne Blätter in Ordnern durch Ring-, Bügel- oder Reißmechanik verbunden werden. Die Ordner können mit Siebdruck bedruckt oder z. B. mit bedrucktem Papier bezogen werden.

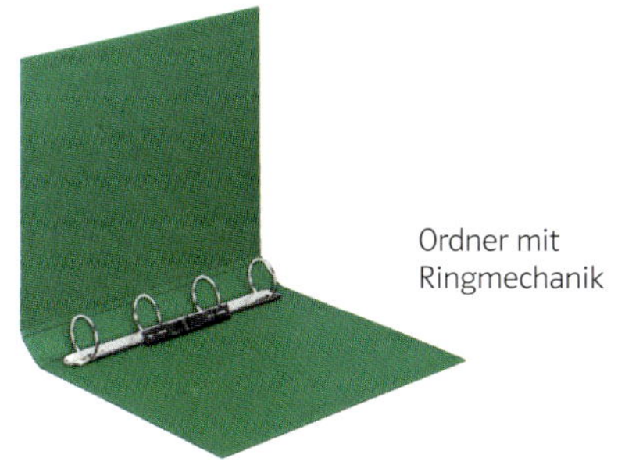

Ordner mit Ringmechanik

8.6 Produktionsablauf Broschur im Bogendruck

Ablauf #Broschurherstellung

- Druckbogen falls nötig beschneiden
- Druckbogen falzen
- Falzbogen zu einem Buchblock zusammentragen
- an Flattermarke Bogenreihenfolge prüfen

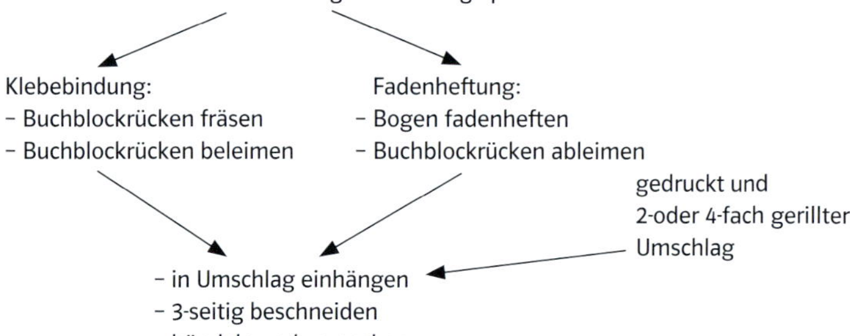

Die aus der Druckerei gelieferten Bogen müssen beschnitten werden, wenn das Papierformat größer ist, als für das Falzen benötigt (Kap. 8.3). Danach werden alle Bogen gefalzt und vor der Falzmaschine abgelegt. Die Maschine greift von jedem Stapel jeweils einen Bogen und trägt so den #Buchblock zusammen. Mit Hilfe der Flattermarke wird die richtige Reihenfolge und Anzahl geprüft (Kap. 8.4).

Wenn der Buchblock als Klebebindung verarbeitet wird, muss er zuerst 3 mm am Rücken abgefräst werden, ehe der Kleber aufgetragen werden kann. Zum Schluss wird der gedruckte und 2- oder 4-fach gerillte Umschlag umgelegt und angepresst, bevor das Buch an Fuß-, Kopf- und Vorderseite beschnitten wird. Wenn der Umschlag auch auf der Innenseite bedruckt ist, müssen die Klebestellen ausgespart werden, da die Verbindung sonst nicht hält.

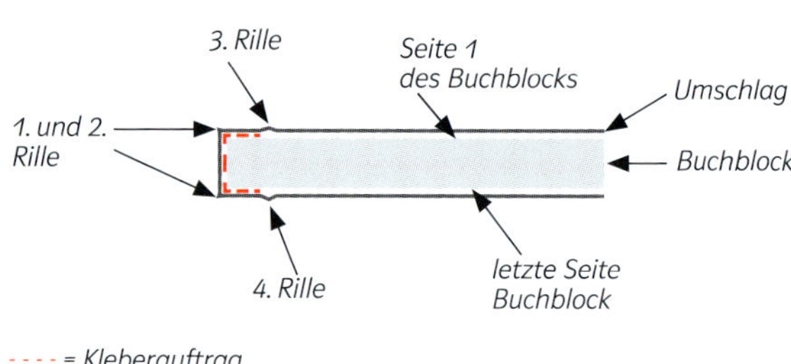

Jeder Umschlag wird mindestens 2 x gerillt, damit die Kanten am Rücken nicht brechen. 4 x gerillt wird der Umschlag, damit er sich besser aufschlagen lässt und es eine bessere Verbindung zwischen Umschlag und erster sowie letzter Seite des Buchblocks gibt.

#Broschurarten

Klappenbroschur

An dem klebegebundenen oder fadengehefteten #Buchblock wird ein Umschlag mit meist breit eingeschlagenen Klappen, die seitlich über die Kanten hinausgehen, angeklebt. Dadurch geben sie dem Umschlag mehr Stabilität. Beim Beschneiden des Buchblocks müssen die Klappen angehoben werden, wodurch der Produktionsaufwand größer wird.

Schweizer Broschur

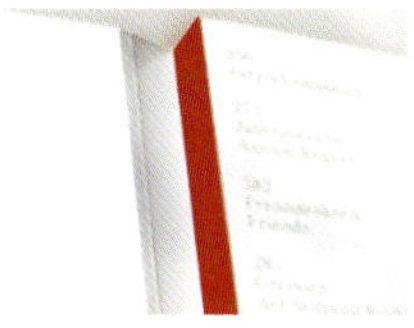

Der Buchblock ist meist fadengeheftet und der Rücken wird mit einem #Fälzel versehen, das verschiedene Material- und Gestaltungsmöglicheiten bietet. Der Umschlag ist mit der hinteren Umschlagseite, innen (U3) an der letzten Seite des Buchblocks angeklebt.

Englische Broschur

Der klebegebundene oder fadengeheftete Buchblock wird mit einem unbedruckten Kartonumschlag versehen. Um diesen ist ein bedruckter Schutzumschlag mit zwei Klappen gelegt, der in der Regel am Rücken angeklebt ist.

Fälzelbroschur

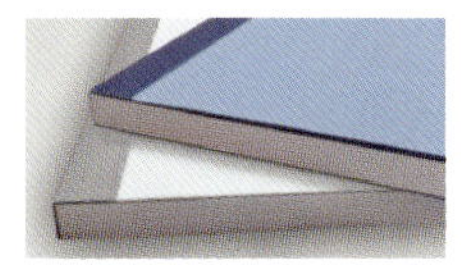

Buchblock mit einem Leinen- oder Papierfälzel, das über den Rücken und einen Teil der Vorder- und Rückseite geklebt wird. Die Umschlagvorderseite und Rückseite sind aus Karton.

Steifbroschur

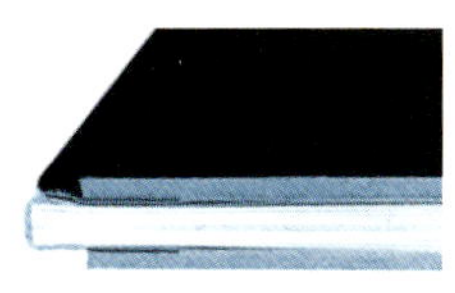

Die Steifbroschur ist eine Mischung aus Hard- und Softcover. Der Buchblock kann eine Steifbroschur als #Fadenheftung, Klebebindung, Rückstichheftung oder #Fälzelbindung sein. Die Deckel werden vorne und hinten vollflächig auf den Buchblock aufgeklebt und dann dreiseitg glatt beschnitten.

Freirückenbroschur/Freie Rückenbroschur

Der fadengeheftete Buchblock wird nicht am Rücken an den Umschlag geklebt. Dadurch wird ein sehr gutes #Aufschlagverhalten erreicht.

8.7 Produktionsablauf Hardcover

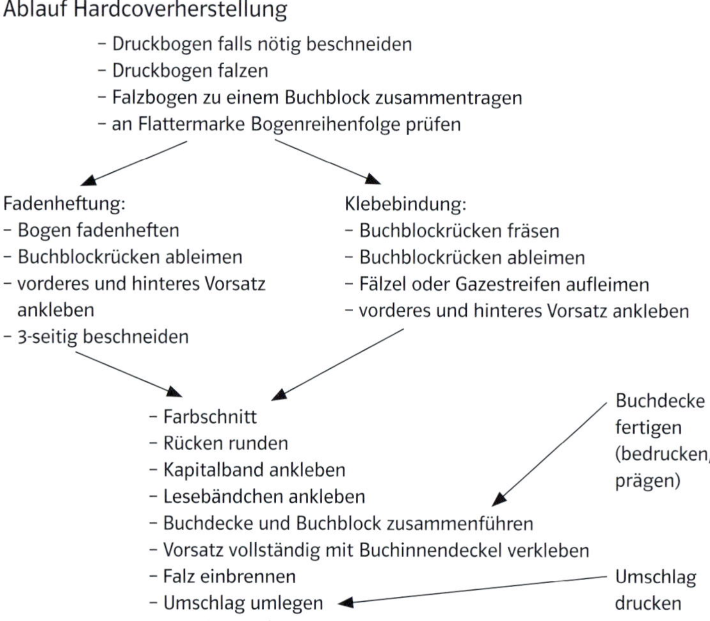

Wie bei der Herstellung der #Broschur kann es sein, dass die aus der Druckerei gelieferten Druckbogen beschnitten werden müssen, weil das Papierformat größer ist als für das Falzen benötigt. Danach werden alle Druckbogen gefalzt und bogenweise vor der Falzmaschine gestapelt. Die Maschine greift von jedem Stapel jeweils einen Bogen und trägt so den #Buchblock zusammen. Mit Hilfe der Flattermarke wird die richtige Reihenfolge und Anzahl geprüft (Kap. 8.4).

Wird aus einem klebegebundenen Buchblock ein Hardcover angefertigt, muss nach dem Abfräsen und Beleimen des Buchrückens zusätzlich ein #Fälzel oder Gazestreifen aufgeleimt werden. Bei einem fadengehefteten Buch wird der Buchblock unter hohem Druck im Pressstempel fixiert, damit die Luft aus den Bogen gepresst und eine einheitliche Buchstärke erreicht wird. Jetzt wird das vordere und hintere Vorsatz jeweils 3–5 mm an der ersten und letzten Seite des Buchblocks angeklebt. Anschließend wird der Buchrücken beleimt, damit beim aufgeschlagenen Buch nicht die einzelnen Lagen zu unterscheiden sind. Bei Büchern, die sehr umfangreich sind oder die besonders haltbar sein

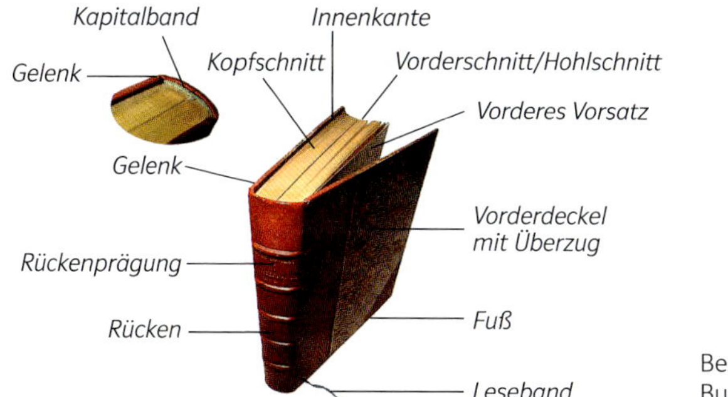

Bezeichnungen Bucheinband

sollen, kann auf den Buchrücken zusätzlich ein #Fälzel, Gaze oder #Hülse aufgeklebt werden. Nach dem Trocknen wird der #Buchblock im Dreiseitenschneider an Kopf-, Fuß- und Vorderseite beschnitten.

Um das #Aufschlagverhalten des Buches zu verbessern, kann der Rücken noch gerundet werden. Dies gilt besonders für umfangreiche Bücher. Durch das Runden entsteht am Vorderschnitt ein Hohlschnitt. Ob ein gerader oder ein runder Rücken gewählt wird, kann aber auch eine gestalterische Entscheidung sein.

Ausstattung

Buch mit Goldschnitt

Zur Ausstattung des Buches gehört das Kapitalband sowie fakultativ Lesebändchen oder Buchschnitt. Ursprünglich diente der Farbschnitt dem Schutz und Schmuck des Papiers und wurde oft mit Blattgold oder -silber ausgeführt. Heute ist es zusätzlich ein Gestaltungs- und Werbeelement und kann sich am Kopf-, Vorder- und Fußschnitt befinden. Zum Auftragen der Farbe werden mehrere Buchblocks gestapelt und zusammengepresst. Für einen einfarbigen Farbschnitt kann dann mithilfe von Walzen oder mit Sprühtechnik die Farbe aufgebracht werden, ehe sie in der Infrarotstrecke getrocknet wird. Andere Möglichkeiten sind das Bedrucken mit Gummiklischees, das Bedrucken im #Digitaldruck und der maschinelle Goldschnitt, der mit einer Echtgoldfolie erfolgt. Eine Sonderform ist das Fore-Edge-Painting. Hierbei wird das Bild erst sichtbar, wenn die Seiten verschoben werden.

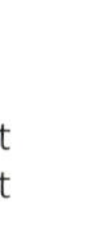

Buch mit Motivfarbschnitt

Fore-Edge-Painting mit Tower of London, 1820–1840

Kapitalband und Zeichenband am Kopf des Buches

Zeichenbänder gibt es in vielen Farben, Mustern und Materialien

Kapitalbänder gibt es in verschiedenen Mustern und Farben

In einem nächsten Schritt erfolgt das Anbringen der Lesebändchen/Zeichenbändchen, die in Abstimmung mit der Gesamtgestaltung des Buches aus verschiedenen Materialien, z. B. Gewebe, Leder etc., bestehen können. Dafür wird der #Buchblock geöffnet und das Bändchen eingelegt, ehe es am Kopf angeklebt wird. Bei #Broschuren wird das Lesebändchen an die letzte Seite des Buchblocks geklebt.

Zum Schluss wird noch das Kapitalband am Kopf und Fuß des Buchrückens angeleimt. Es hat neben der Schmuckwirkung auch die Aufgabe, den Buchrücken abzudecken. Für ein stimmig gestaltetes Buch kann es aus verschiedenen Farben und Materialien bestehen.

Für die Stabilisierung des Buchrückens bei Büchern mit größerem Umfang kann dieser mit einem #Fälzel hinterklebt oder mit einer Hülse versehen werden. Dafür werden die vorgefertigten Hülsen aus einem dünnen, festen Papier auf den Rücken des Buchblocks geklebt.

Buchdecke

Die Buchdecke besteht aus dem Überzug, der aus bedrucktem oder durchgefärbtem Papier (auch hier ist die Laufrichtung parallel zum Rücken wichtig), Leinen, Leder, Kunststoff oder anderen Materialien bestehen kann. Beim Anlegen des Überzugs am Computer muss ein Einschlag von ca. 15 mm je Seite angelegt werden.

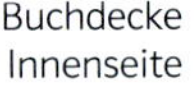

Buchdecke Innenseite

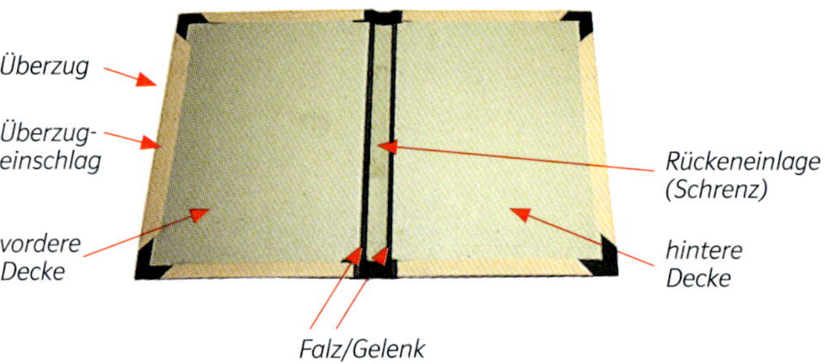

Auf den vorgefertigten Überzug werden für die Vorder- und Rückseite – die vordere und hintere Decke – und den Rücken je eine zugeschnittene Pappe von 0,7–3 mm geklebt. Anschließend kann noch eine Prägung mit Folien, Metall oder eine Blindprägung erfolgen. Um das Aufschlagverhalten zu verbessern, wird der Rücken abschließend gerundet.

Für die exakte Berechnung der Rückenbreite empfiehlt es sich, einen Blindband (Dummy) mit den gewünschten Materialien anfertigen zu lassen. Buchbindereien stellen oft auch einen Buchrückenrechner zur Verfügung. Es gibt aber auch die Möglichkeit, die Rückenstärke zu berechnen.

Einband, Leinen bedruckt

Anzahl der Seiten : 2 = Blattanzahl	Beispiel:
x Papiergewicht	160 : 2 = 80 Blatt
x Volumen (falls höheres Volumen)	80 x 90 (g/m2) x 1,2 (faches Volumen)
: 1000	1000 = 8,64 mm
+ Stärke des Kartons (2 x)	+ vordere und hintere Decke je 2 mm
+ ca. 4 mm bei rundem Rücken	+ Rundung 4 mm = 16,64 mm

Einhängen des Buches

Unter dem Bucheinhängen wird die Verbindung von #Buchblock und Vorsatz mit der Buchdecke verstanden. Der Buchblock wird an beidseitig angebrachten Walzen vorbei geführt, die das vordere und hintere Vorsatz (den Spiegel) mit Leim versehen und die zugeführte Decke andrücken. Danach wird das Buch mit hohem Druck gepresst, damit eine stabile Verbindung zwischen Einband und Buchblock entsteht und das Vorsatz faltenfrei an dem Buchdeckel klebt. Zum Schluss wird am Gelenk des Einbands der Falz eingebrannt.

Vorderes und hinteres Vorsatz

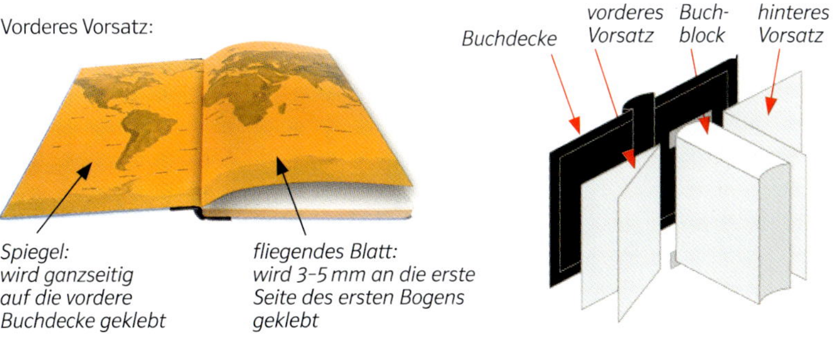

Bucheinbandarten

Die Klassifizierung kann entweder nach dem verwendeten Bezugsstoff, der Herstellungstechnik oder der Funktion erfolgen. Aber es gibt auch viele Überschneidungen sowie Sonder- und Mischformen.

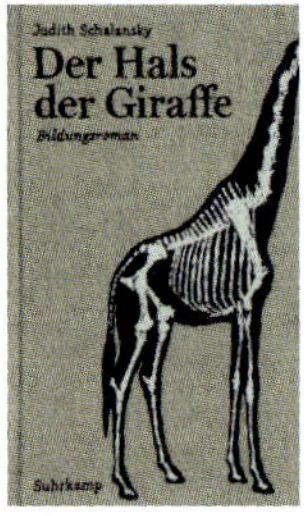

Ganzleinenband. © Suhrkamp Verlag

Halbleinenband. © Rowohlt Verlag

Papierüberzug mit Schildchen. © Insel Verlag

PVC-Einband. © Langenscheidt-Verlag

Veredlungsarten

Es bestehen zahlreiche Möglichkeiten, Oberflächen zu veredeln und zu verändern. Diese können als Muster bei der Buchbinderei angefragt und angesehen werden. Zu den Oberflächen, die zum Schutz aufgebracht werden, gehört zum Beispiel das Cellophanieren/Kaschieren von Folien. Außerdem gibt es Prägungen als Blindprägung, Farbprägung, Effektfolien wie 3D-Folien, Hologrammfolien, Metallicfolien oder Rain-

Klappenbroschur mit Spotlackierung und hochgeprägter Schrift mit Lackfarbe. © Zsolnay Verlag

Broschur mit einem papierbezogenen und geprägten Karton. © Insel Verlag

Hardcover mit durchgefärbtem Papier und Hoch-, Tief- und Folienprägung. © Büchergilde Gutenberg

Cover mit UV-Lack. © Knaur Verlag

bowfolien, aber auch als Metallic- oder Reliefprägung. Außerdem kann der Umschlag oder Einband vollflächig oder als Spotlackierung mit Glanz-, Matt-, Duft-, Thermo-, Glitzer- und Strukturlack versehen werden. Zu den Veredlungen zählen auch die Lasergravur und der Laserschnitt (früher als Stanzung ausgeführt), mit denen sich interessante Effekte erzielen lassen.

Filigranstanzung

Zusätze

Lasercut

Der Schutzumschlag umgibt die Buchdecke zum Schutz und dient sowohl dem Schutz des Einbands als auch der Werbung. Das Papier ist 120–150 g/m² stark und bedruckt. Dann kann es durch Kaschieren/Laminieren oder Prägen veredelt werden. Der Umschlag ist minimal niedriger, als der Bucheinband, um ein Knicken zu vermeiden, und hat zwei Klappen. Die Deckelkanten werden umgelegt. Die Breite der Klappen ist dem Buch funktional angepasst, nach oben und unten abgeschrägt und kann Angaben über den Inhalt des Buches, den Autor oder Werbung enthalten.

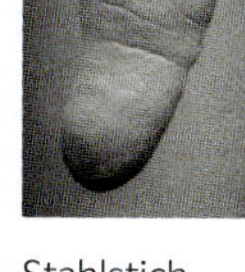

Stahlstichprägung

Als zusätzlichen Schutz können einzelne oder mehrere Bände auch mit einem Schuber versehen werden, der passend zum Buch gestaltet, gestanzt, geprägt oder lackiert sein kann.

Zusätzlich kann ein Buch auch eine Buchschleife aus verschiedenen Materialien haben und mit einem Stretchband versehen sein. Außerdem können die Ecken gerundet sein – bis hin zu rundgestanzten Büchern.

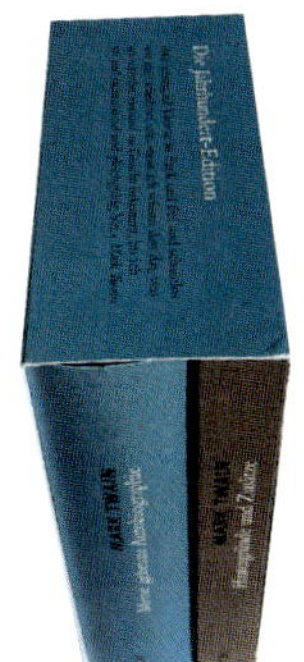

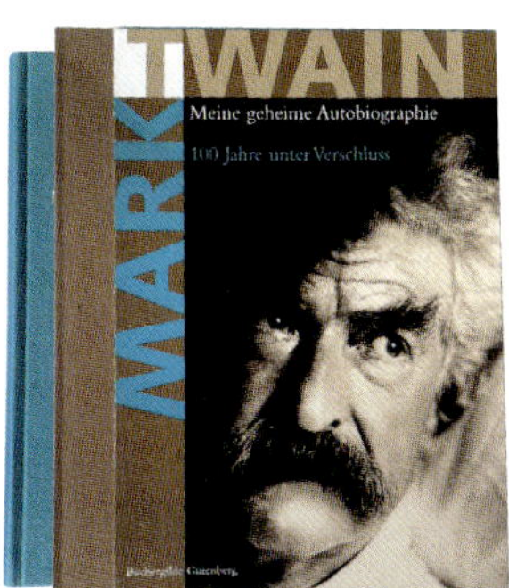

Mark Twain, *Meine geheime Autobiographie*, zwei Bände im Halbschuber, mit Lesebändchen. © Büchergilde Gutenberg

Graham Greene, *Der Dritte Mann*, Leinen bedruckt mit Bauchbinde und Lesebändchen. © Büchergilde Gutenberg

Weitere Möglichkeiten, insbesondere Nachschlagewerke nutzerfreundlich auf den Markt zu bringen, bestehen in einem Griffregister (Handmarke, Daumenregister) mit Farbflächen im #Beschnitt oder in einem Griffregister im Vorderschnitt. Damit können Buchstaben oder Kapitel schnell gefunden werden.

Griffregister mit angeschnittener Farbfläche im Vorderschnitt. © Dudenverlag 2020

Grifflochregister mit stufenförmig gestanzten Ausschnitten im Vorderschnitt. © Harper Collins Publishers 2000

Je nach Art des Buches werden noch Beilagen, wie Karten, CDs etc., hinzugefügt. Das Einschlagen in Papier oder eine Folienverpackung schützen die Bücher vor Verschmutzung und Defekten, die im Zusammenhang mit Lagerung oder Versand entstehen. Aus Gründen der Nachhaltigkeit wird aber zunehmend auf Folien verzichtet.

9 Kalkulation

Für dieses Buch standen wesentliche Parameter der Herstellkosten, wie Umfang (reihenbedingt 160 Seiten), Papier, Einbandart und Bindung, bereits im Vorfeld der Produktion fest. Der Verlag hatte sie mit der Autorin, die in Personalunion auch die Satzarbeiten übernahm, vor Projektbeginn besprochen und im Verlagsvertrag festgehalten. Das Angebot der Druckerei, mit der man bereits zahlreiche Buchprojekte realisiert hatte, war also im Wesentlichen ›nur noch‹ im Hinblick auf die #Stückkostendegression interessant: Zu welchem Stückpreis wurden 500, 600 oder 700 Exemplare gedruckt?

Trotzdem wurde ›gerechnet‹. Allerdings anders als in arrivierten Verlagshäusern. Während jene differenzierend nach Deckungsbeiträgen fragen, die nach Abzug aller Fremdkosten zur Deckung der Gemeinkosten, zur Begleichung von Steuerschulden und als Gewinn zur Verfügung stehen, lautet beim Bramann Verlag die entscheidende Frage: Reichen die binnen sechs Monaten nach Erscheinen des Titels durch Bücherverkäufe, Werbeeinnahmen u.a.m. generierten Erlöse aus, um alle bis dahin entstandenen projektbezogenen Rechnungen begleichen zu können? Hierfür reicht eine Überschlagsrechnung, die Elemente der #Deckungsbeitragsrechnung und der #Deckungsauflagenberechnung mit dem Faktor Zeithorizont kombiniert.

In den Corona-Jahren 2020/2021 startete die Beauftragte der Bundesregierung für Kultur und Medien (BKM) unter dem Namen ›Neustart Kultur‹ eine Initiative zur Erhaltung und Stärkung der kulturellen Infrastruktur in Deutschland. Auch kleinere Verlage erhielten für einen neuen Titel ihrer Wahl einen nicht rückzahlbaren Zuschuss in Höhe von bis zu 70 % der Produktionskosten, der für dieses aufwändig gestaltete Werk in Anspruch genommen wurde. Die Förderung stellte sicher, dass ein Großteil der Fremdkosten für Satz und Druck ›fremd‹ finanziert werden konnte.

9.1 Herstellkosten

Die Herstellung muss die Kosten für die technische Leistung im Blick behalten. Schließlich sind die Herstellkosten (HK) bei der Buchherstellung – bei elektronischen Produkten wie auch bei Zeitschriften sieht die Kostenstruktur anders aus – in der Regel der größte Kostenblock im Rahmen der betrieblichen Leistungserstellung. Begriffe wie Vor- und Nachkalkulation prägen die Buchkalkulation. Hier werden, entweder vor Produktionsbeginn anhand von Angeboten und Schätzwerten oder nach Projektabschluss anhand vorliegender Rechnungen und verlagsspezifischer Verrechnungssätze, Stückkosten und Deckungsbeiträge vorläufig bzw. abschließend berechnet.

Die Herstellung unterscheidet grundlegend zwischen Fixkosten und variablen Kosten. Fixkosten sind Einmalkosten, die unabhängig von der Höhe der Auflage entstehen, während variable Kosten von der Höhe der Druckauflage abhängen.

	Fixkosten	Variable Kosten
Prepress (Vorbereitende Maßnahmen)	• Grafik/Gestaltung Umschlag, Layout, Illustration, Fotografie etc. • Satz, Umbruch, Korrektur, Reproduktion, Proof etc. • Plattenkopie #CTP = Computer to Plate; entfällt bei Digitaldruck • Rüstkosten Einrichten der Druckmaschine auf Papierformat, Papierqualität, Farbe	–
Press (Fort- oder Auflagendruck)	• Fortdruck von Inhalt und Karton- oder Schutzumschlagschlag, Bezug etc.	Material: • Papier Inhalt • Überzugsmaterial oder Umschlagkarton
Postpress (Weiterverarbeitung)	• Rüstkosten Einrichten der Maschinen z. B. für Bogen falzen und zusammentragen, #Fadenheften, Klebebinden, Einbandproduktion etc.	• Bindearbeiten • evtl. Kapitalband, Lesebändchen etc. • Veredlung Umschlag (Lackierung, Prägefolien etc.)

Die Berechnung der Herstellkosten auf der folgenden Seite stammt aus einem belletristischen Verlag. Die Kalkulation bezieht sich nicht auf ein ganzes Programmsegment, sondern auf einen einzelnen Roman mit folgenden Parametern:

- Auflage: 3.000 Exemplare
- Umfang: 320 Seiten
- Format: 12,0 x 20,0 cm
- Papier: 80g/m2, 1,2-faches Volumen, Werkdruck
- Umschlag: 4-farbig
- Innenteil: 1/1-farbig
- Ausstattung: Hardcover mit Surbalin-Überzug und Prägung, #Fadenheftung
- Ladenpreis: 22,00 €

Gemäß der Vorgabe ›Material und Leistung ausschreiben und auswerten‹ (Kap. 1.2) schreibt die Herstellung mehrere technische Betriebe an, um vergleichende Angebote von Druckereien und Buchbindereien – projektbezogen auch Angebote für Grafik, Entwurf und Satz – einzuholen, sofern nicht bereits mit Kernlieferanten (Jahres-)Rahmenverträge im Hinblick auf Konditionen für definierte Leistungen bestehen. Diese Angebote werden mitunter sehr detailliert erstellt.

Der für unser Beispiel vorliegende Netto-Gesamtwert beläuft sich aufgrund der Berechnung auf der Folgeseite auf 10.701,00 €, was einem Stückpreis von 3,57 € entspricht. Zu teuer? Natürlich könnte man den Stückpreis durch eine höhere Druckauflage senken, denn es würden sich nur die variablen Kosten erhöhen; ein Tatbestand, den man #Stückkostendegression nennt. Aber ein Verlag will nicht nur preiswert produzieren, sondern den hergestellten Titel auch verkaufen. Das ist ein Grund, warum im Rahmen einer Programmkonferenz auch die Marketing- und Vertriebsabteilung über die Auflagenhöhe mitentscheiden. Will man (ein)sparen, muss also an potenziellen Stellschrauben gedreht werden: Muss es ein Hardcover mit #Fadenheftung sein? Sind Surbalin-Überzug und Prägung unbedingt notwendig, um den Titel erfolgreich am Markt zu platzieren? Kann man über vereinbarte Jahresfestabnahmen den Listenpreis für Papier senken? Fragen über Fragen, die teilweise erst nach einer Entscheidung für die Aufnahme des Titels in das Verlagsprogramm geklärt werden.

		€ gesamt	Stückpreis
1	Titelfixe Kosten		
	1.1 Satz	1.644,80	0,55
	1.2 Korrekturlesen (Erstlesung und Revision)	512,51	0,17
	1.3 Autorenkorrektur (ca. 30 % der Satzkosten)	493,59	0,16
	1.4 Druckplatten Inhalt	638,14	0,21
	1.5 Druckplatten Umschlag (4-farbig)	136,52	0,05
	1.6 Gravur (Prägung auf Einband)	150,00	0,05
	1.7 Sonstiges (Pauschale)	100,00	0,03
	Summe Titelfixe Kosten	**3.675,56**	**1,23**
2	Auflagenfixe Kosten		
	2.1 Einrichten Druck Inhalt	365,12	0,12
	2.2 Einrichten Druck Umschlag	243,37	0,08
	2.3 Transporte (Pauschale)	200,00	0,07
	2.4 Sonstiges (Pauschale)	100,00	0,03
	Summe Auflagenfixe Kosten	908,49	0,30
3	Summe Fixkosten (1 + 2)	**4.584,05**	**1,53**
4	Auflagenvariable Kosten		
	4.1 Druck Inhalt (inkl. Zuschuss)	352,45	0,12
	4.2 Druck Umschlag (inkl. Zuschuss)	186,50	0,06
	4.3 Papierkosten	1.533,19	0,51
	4.4 Sonstiges (Pauschale)	100,00	0,03
	Summe Auflagenvariable Kosten	**2.172,14**	**0,72**
5	Bindequotenvariable Kosten		
	5.1 Grundkosten (z. B. Fadenheftung)	825,70	0,28
	5.2 Fertigung	3.069,00	1,02
	5.3 Sonstiges (Pauschale)	100,00	0,03
	Summe Bindequotenvariable Kosten	**3.944,70**	**1,33**
6	Summe variable Kosten (4 + 5)	**6.116,84**	**2,04**
7	Gesamtkosten Herstellung (3 + 6)	**10.700,89**	**3,57**

In diesem Kapitel werden Euro-Beträge nach der dritten Stelle durch einen Punkt getrennt, wie es im kaufmännischen Bereich gebräuchlich ist. In allen anderen Kapiteln werden Zahlen mit mehr als vier Stellen – entsprechend den Regeln der Detailtypografie – mit einem verringerten Festraum zwischen der vierten und fünften Stelle (von rechts aus gezählt) gesetzt.

9.2 Deckungsbeitragsrechnung

Fragt man nach der Höhe eines absehbaren Gewinns, so ist man auf die #Deckungsbeitragsrechnung angewiesen: eine abgestufte Erfolgsrechnung, die in der Betriebswirtschaftslehre als Kostenträgerstückrechnung bezeichnet wird. Die Deckungsbeitragsrechnung fragt nach dem Deckungsbeitrag (DB) eines Buchs, eines Programmbereichs oder des Gesamtprogramms, der nach Abzug direkt zurechenbarer Einzelkosten von den Erlösen eines Produkts übrig bleibt, um die Gemeinkosten zu decken, Steuern zu begleichen und einen Überschuss zu gewährleisten, der als Gewinn zur Ausschüttung oder für neue Investitionen (ohne Kreditaufnahme) verwendet werden kann. Im Mittelpunkt stehen hierbei einerseits der Wareneinsatz und andererseits beleghafte Fremdleistungen für Auslieferung, Außendienst und Werbung.

Der Wareneinsatz fasst die Kosten für die technische und geistige Leistung zusammen. Er ist eine Größe, die in der Betriebsstatistik am Jahresende eine entscheidende Rolle spielt, denn der Rohgewinn eines Unternehmens errechnet sich aus der Differenz zwischen Jahresumsatz und Wareneinsatz. Der Wareneinsatz ist gewissermaßen das Invest – das Wagniskapital, mit dem man einen Gewinn in der Zukunft erzielen will. Doch zuvor muss ein Verlag ›in Vorlage treten‹. Auch für die Kosten der geistigen Leistung, die das Lektorat verantwortet, und die als Absatz- oder Pauschalhonorar für Autoren, Lizenzgeber oder Übersetzer (die geistigen Urheber) und Pauschalhonorar für Illustratoren, Ersteller von Infografiken, Fotografen etc. vorliegen.

Die Deckungsbeitragsrechnung kann beliebig variiert und erweitert werden, je nachdem welche weiteren Kosten im Einzelnen dargestellt werden sollen. Hierfür kommen z. B. Personalkosten für das Lektorat infrage, falls diese über definierte Kostenstellen messbar sind. Viele Verlage arbeiten diesbezüglich mit hausinternen Softwarelösungen, die die ökonomische Ersteinschätzung des Lektorats erleichtern noch bevor die Herstellung überhaupt ins Spiel kommt.

Spätestens auf der Programmkonferenz wird dann eine Entscheidung getroffen: Reicht der prognostizierte Betrag aus, um im Rahmen einer Mischkalkulation mit den Deckungsbeiträgen anderer Titel ein gewinnbringendes Programm auf den Markt zu bringen? Denn die so oft beschworene Mischkalkulation im Verlagswesen bedeutet nicht, dass Flops irgendwie durch Bestseller mit finanziert werden, sondern bedeutet in kaufmännischer Hinsicht: Die Summe der (vermuteten) Deckungsbeiträge aller verlegten Titel muss ausreichen, um das Unternehmen ›gesund‹ zu halten.

7393,00 € in unserem Beispiel sind vermutlich kein ausreichender Beitrag zur Rentabilität des Gesamtunternehmens. Aber durch den Autorenvertrag hat man Verwertungsrechte erworben. Und so bleibt die Hoffnung, dass dieser Titel durch Übersetzungen, Taschenbuch- oder sogar Filmlizenzen doch noch höhere Überschüsse erzielt. Vielleicht entwickelt er sich aber auch zu einem Lieblingsbuch der Buchhändler und wird unversehens zu einem Bestseller, oder er gelangt auf die Shortlist des Deutschen Buchpreises, was weitere Auflagen nach sich ziehen kann, die dann günstiger in der Produktion sind.

		Euro	in %	in %
1	Bruttoumsatz (22,00 € x 2.700 Expl.)	59.400		107,0
2	- Umsatzsteuer	3.886		7,0
3	= Umsatz zu Nettoladenpreisen	55.514		100,0
4	- Handelsrabatt	26.647		48,0
5	= Verlagserlös (Vertriebserlös)	28.867	100,0	52,0
6	Herstellkosten (HK)	10.701	37,1	
7	Autorenhonorar	5.000	17,3	
8	Summe HK und Autorenhonorar (Wareneinsatz)	15.701	54,4	
9	**Deckungsbeitrag 1 (Pos. 5–8)**	**13.166**	**45,6**	
10	Auslieferung	2.309	8,0	
11	Vertreterprovision	2.021	7,0	
12	Werbung	1.443	5,0	
13	Summe Vertrieb und Werbung	5.773	20,0	
14	**Deckungsbeitrag 2 (Pos. 9 – 13)**	**7.393**	**25,6**	

1 Der Bruttoumsatz ergibt sich aus dem Verkauf zu gebundenen Ladenpreisen. Abweichend von der Druckauflage (3.000 Expl.) berechnet der Verlag seinen Vertriebserlös mit einer prognostizierten Verkaufsauflage von 2.700 Exemplaren. 300 Exemplare werden nicht verkauft, sondern unberechnet abgegeben: Belegexemplare für Autoren, Archivexemplare, Pflichtablieferungsexemplare an die Deutsche Nationalbibliothek, Rezensionsexemplare laut Verteiler für Presse, Blogger u.a.m. Die Zahl 300 ist dabei eine wahrscheinliche und durchschnittliche Größe.
Unberücksichtigt bleiben: Erlösschmälerungen aufgrund gewährter Skonti, Nachlässe im Privatkundengeschäft bei Verkäufen größerer Mengen eines Titels, nicht verkaufte Exemplare, nicht bezahlte Rechnungen u.a.m.

2 Der gebundene Verkaufspreis (vermehrter Grundwert = 107 %) enthält die gesetzlich vorgeschriebene Umsatzsteuer. Die Ertragsrechnung für Verlage (auch für den Handel) erfolgt umsatzsteuerneutral, sodass die Umsatzsteuer aus dem Verkaufspreis herausgerechnet werden muss.

3 Der Umsatz zu Nettoladenpreisen ist der um die Umsatzsteuer reduzierte Verkaufspreis. Der Wert ist nicht nur für die weiteren Kalkulationsschritte wichtig, sondern ist in vielen Verlagsverträgen auch die Grundlage für die Berechnung des absatzbezogenen Autoren- bzw. Lizenzhonorars.

4 Als durchschnittlicher Handelsrabatt werden 48,0 % angesetzt - ein Erfahrungswert, der den Rabatt für den Großhandel (= Barsortiment) genauso einschließt wie Sonderkonditionen (Boni, Werbekostenzuschüsse etc.) für Versand- und Einzelhändler. Dabei gilt die Faustregel: Je höher der Barsortimentsanteil, desto höher liegt auch der dem Handel eingeräumte Durchschnittsrabatt.

5 Aus den Verkäufen dieses Titels (Vertriebsleistung) generiert der Verlag - umsatzsteuerbereinigt - einen Erlös in Höhe von 28.867,00 €. Dieser Betrag fließt als Position Umsatzerlöse in die Gewinn- und Verlustrechnung (GuV) des Jahresabschlusses ein. Die verlagsinternen Kosten beziehen sich - in prozentualer Hinsicht - auf diesen 100 %-Wert.

6 Die Herstellkosten werden aufgrund der vorangegangenen Berechnung mit 10.701,00 € beziffert.

7 Das Autorenhonorar beträgt laut Verlagsvertrag 5.000,00 €. Dieser Betrag entspricht 17,3 % vom Verlagserlös bzw. 9,0 % vom Umsatz zu Nettoladenpreisen und wurde als Absatzhonorar vereinbart. Unberücksichtigt bleiben: Abgaben an die Künstlersozialkasse (KSK) gemäß dem Künstlersozialversicherungsgesetz; der Prozentsatz hierfür wird jährlich neu festgesetzt.

8 Der Wareneinsatz in Höhe von 15.701,00 € summiert die Fremdkosten für die technische und geistige Leistung.

9 Der DB 1 beläuft sich in unserem Beispiel auf 13.166,00 €. Von diesem Betrag müssen alle weiteren Kosten bestritten werden.

10 Die Kosten für die Verlagsauslieferung, eine klassische Outsourcing-Lösung, werden mit 8 % vom Verlagserlös angesetzt. Sie umfassen sowohl die Kosten für die Lagerhaltung als auch die für Fakturierung und Expedition an Handel und Endverbraucher. Hinzu kommen Buchhaltung, Mahnwesen, Remissionsbearbeitung und andere vom Verlag gewünschte Sonderleistungen, z. B. Makulatur oder spezielle Datenbankabfragen.

11 Die Provision bezieht sich auf die Leistung der freien Handelsvertreter und erfasst die Provisionierung der erzielten Umsätze.

12 Verlage setzen einen bestimmten Prozentsatz (zwischen 5 % und 10 % vom Verlagserlös) als Werbeetat an. Zu den Kosten zählen die Publikums- und Händlerwerbung, außerdem anteilige Kosten für Verlagsankündigungen, Gesamtverzeichnisse und Messepräsenz u. a. m. Mit einer Auflage von 3.000 zählt der Roman nicht zu einem Spitzentitel und fließt deshalb ohne Sonderetat mit nur 5 % in die DB-Rechnung ein.

13 Der DB 2 über 7.393,00 € ist der Betrag, der zur Deckung dem Titel nicht direkt zurechenbarer Gemeinkosten (Personal, Miete, technische Ausstattungen, Versicherungen, Reisekosten, Fremdkapitalzinsen etc.) zur Verfügung steht.

9.3 Berechnung der Deckungsauflage (DA)

Die Herstellung berechnet verschiedene #Deckungsauflagen (DA). Dabei werden Teilmengen errechnet, die verkauft werden müssen, um bestimmte Kosten abzudecken. So kann man nach einer DA 1 fragen ›Wie viele Bücher müssen verkauft werden, um die Herstellkosten zu decken?‹ Oder nach einer DA 2 ›Wie viele Bücher müssen zusätzlich verkauft werden, um auch den Autor für die gesamte Verkaufsauflage zu honorieren?‹ Oder auch nach einer DA 3: ›Wie viele Bücher müssen verkauft werden, um alle dem Projekt zurechenbaren Fremdkosten zu decken?‹ Zur Beantwortung dieser Frage braucht man den Stückerlös pro verkauftem Exemplar, der in unserem Fall 10,69 € beträgt. Nun nimmt man den in Frage stehenden Kostenblock und dividiert diesen durch den durchschnittlichen Stückerlös.

		Euro	in %	in %
	Ladenpreis	22,00		107,0
-	Umsatzsteuer	1,44		7,0
=	Umsatz zum Nettoladenpreisen	20,56		100,0
-	Handelsrabatt	9,87		48,0
=	Stückerlös	10,69	100,0	52,0

$$\text{DA 1} = \frac{10.701{,}00\text{ € (Herstellkosten)}}{10{,}69\text{ €}} = 1.001\text{ Ex. (37,1 \% der Verkaufsauflage)}$$

$$\text{DA 2} = \frac{15.701{,}00\text{ € (Wareneinsatz)}}{10{,}69\text{ €}} = 1.469\text{ Ex. (54,4 \% der Verkaufsauflage)}$$

$$\text{DA 3} = \frac{21.474{,}00\text{ € (Fremdkosten lt. DB-Rechnung)}}{10{,}69\text{ €}} = 2.009\text{ Ex. (74,4 \% der Verkaufsauflage)}$$

21.474,00 € lassen sich dem Projekt durch Fremdleistungen zuordnen; dies entspricht 74,4 Prozent vom Verlagserlös. 2009 Exemplare stellen einen Break-even-Point dar: Sie müssen nach dieser Rechnung verkauft werden, um mit dem 2010ten Exemplar das erste Exemplar verkaufen zu können, das einen Beitrag zur Deckung der Gemeinkosten erwirtschaftet.

Spotlights

ANSCHLAG Bezeichnung für Buchstaben, Satzzeichen, Ziffern und Wortabstände für die Umfangsberechnung einer Drucksache.

AUFSCHLAGVERHALTEN Bezeichnung dafür, wie gut sich ein Buch aufschlagen lässt und wie gut es aufgeschlagen liegen bleibt.

AUSZEICHNUNG Hervorhebung von Worten oder Sätzen innerhalb eines Textes, z. B. kursiv/italic, fett/bold, schmal/narrow, farbig.

BESCHNITT Am Kopf-, Außen- und Fußsteg müssen je 3 mm zugegeben werden, damit angeschnittene Bilder und Flächen nach dem Beschneiden des Buchblocks garantiert formatfüllend sind.

BILDLEGENDE Synonym für Bildunterschrift.

BLINDTEXT Fiktiver Text, der noch nicht dem späteren Inhalt entspricht.

BROSCHUR/SOFTCOVER Meist klebegebundener Buchblock mit bedrucktem, am Rücken angeklebtem Kartonumschlag.

BUCHBLOCK Gedruckte, gefalzte, gebundene Bogen/Lagen, die am Kopf, vorne und am Fuß beschnitten sind.

CMYK Cyan, Magenta, Yellow, Black (auch Tiefe, Kontrast). Druckverfahren, bei dem Farben in sehr dicht nebeneinanderliegende Rasterpunkte zerlegt werden. Das Auge nimmt sie als Farbmischung wahr.

CTP Computer to Plate (Digitale Druckplattenbelichtung). Verfahren zur Herstellung von Druckplatten direkt vom PC.

DATEN, WOHLGEFORMT/VALIDE Entsprechen die Daten einer XML-Datei einer vorgegebenen DTD, wird sie valide, also wohlgeformt genannt.

DECKUNGSAUFLAGE Teil der Auflage, der verkauft werden muss, um definierte Kosten (für Druck, Honorar, Marketing etc.) durch Umsatzerlöse wieder einzuspielen.

DECKUNGSBEITRAGSRECHNUNG Eine abgestufte Erfolgsrechnung, die nach dem Deckungsbeitrag (DB) fragt, der nach Abzug direkt zurechenbarer Einzelkosten (vor allem Fremdkosten für die technische und geistige Leistung) von den Erlösen eines Produkts übrig bleibt, um Gemeinkosten zu decken, Steuern zu begleichen und einen Gewinn zu erzielen.

DICKTE Bezeichnung für die Breite eines Buchstabens, inkl. der Vor- und Nachbreite (Fleisch), damit sich die Buchstaben nicht berühren.

DIGITALDRUCK Bezeichnung für Laser- und Tintenstrahldruck. Keine Druckform/Druckplatte nötig, geeignet für Einzelexemplare und personalisierte Drucke, inzwischen auch für größere Auflagen.

DPI Dots per inch (Punkte pro Zoll), Maßeinheit für die Auflösung von Rasterabbildungen/Halbtonabbildungen im Druck.

DRUCKRASTER Halbtonabbildungen müssen für den Druck gerastert werden. Die Anzahl der Rasterpunkte pro Streckeneinheit ist von der Art des Bildes, dem Druckverfahren und dem Bedruckstoff abhängig.

DRUCKVORSTUFE (Prepress) Zusammenfassung aller Prozesse vor dem Druck, z. B. Layouterstellung, Abbildungen bearbeiten, PDF-Erzeugung und Plattenbelichtung für das jeweilige Druckverfahren.

DTD (Document Type Definition) ein Satz an Regeln, der Dokumente eines bestimmten Typs deklariert. Als Dokumenttyp werden ähnliche Dokumente, wie z. B. Romane oder Kochbücher bezeichnet. In einer DTD wird die Struktur des Dokuments, also die Reihenfolge und Verschachtelung der Elemente und Attribute festgelegt. Daten einer XML-Datei, die einer DTD entsprechen, werden als wohlgeformt oder valide bezeichnet.

DURCHSCHUSS Zusätzlicher Abstand zwischen den Zeilen.

ENRICHED E-BOOK ›Angereichertes‹ E-Book, z. B. mit interaktiven Inhalten, Multimedia, Videos, Audios, Animationen.

E-PUB Format als offener Standard für digitale Bücher.

FADENHEFTUNG Die gefalzten Bogen werden mittels eines Fadens miteinander verbunden, was eine stabile Haltbarkeit garantiert und ein gutes Aufschlagverhalten bewirkt.

FÄLZEL Aus speziellem Papier, Gewebe oder textilem Verbundmaterial bestehender Streifen, wird zur Stabilsierung auf den Rücken des Buchblocks aufgeklebt.

FARBKONTROLLSTREIFEN Kontrollstreifen aus einer Reihe von Messfeldern unterschiedlicher Art und Farbe, anhand derer die gleichmäßige Farbverteilung auf dem Druckbogen beurteilt und überwacht wird.

FIXED LAYOUT Für layoutintensive Inhalte, deren Schrift und Layout am Lesegerät nicht veränderbar sind. Ein verbreitetes Format ist das PDF.

GRAMMATUR Papiergewicht in Gramm pro m^2.

GROTESK Synonym für Serifenlose Linear-Antiqua oder Sans Serif.

HADERN Bis ins 19. Jh. wurde Papier aus Lumpen hergestellt. Heute ist der Rohstoff überwiegend Baumwolle und nur zu einem geringeren Anteil Flachs oder Jute. Diese Papiere sind reißfest und alterungsbeständig und werden u. a. für Banknoten und Dokumente verwendet.

HARDCOVER Der Buchblock wird gepresst und das vordere und hintere Vorsatz jeweils 3–5 mm an der ersten und letzten Seite des Buchblocks angeklebt. Bei Büchern, die besonders haltbar sein sollen, kann auf den Buchrücken ein #Fälzel aufgeklebt werden. Nach dem Trocknen wird der Buchblock beschnitten und in die vorgefertigte Buchdecke eingehängt.

HILFSSTOFFE Dem Papierbrei werden bis zu 30 % Füllstoffe hinzugefügt, z. B. Kaolin (Porzellanerde) für das Streichen des Papiers, Talkum zur besseren Bedruckbarkeit ungestrichener Papiere, optische Aufheller, Pigmentfarbstoffe für durchgefärbte Papiere.

HTML Hypertext Markup Language (Hypertext-Auszeichnungssprache). Textbasierte Auszeichnungssprache zur Strukturierung elektronischer Dokumente, z. B. Texte und Bilder.

HYBRIDRASTER Kombination des amplitudenmodulierten Rasters in den Lichtern mit dem frequenzmodulierten Raster der Tiefen.

HYDROPHIL Bezeichnung für die Stellen der Offsetdruckplatte, die das Feuchtmittel annehmen.

INITIAL Größerer und verzierter Buchstabe am Anfang eines Kapitels.

KALANDER System aus beheizten, sehr glatten Walzen zum Prägen, Glätten, Verdichten und Satinieren von Papier. Dadurch werden Glanz und Glätte bei gleichzeitiger Dickenreduzierung verbessert.

KAPITÄLCHEN Großbuchstaben in Größe der Kleinbuchstaben, die in der Strichstärke (Fett-Fein-Kontrast) der Grundschrift angepasst sind.

KLEBEBINDUNG Im Klebebinder wird der Buchblock zusammengepresst, am Buchrücken 2–3 mm abgefräst und beleimt.

KOLUMNE/SATZSPIEGEL Typografischer Begriff für die bedruckte Fläche einer Seite inklusive Überschriften, Bildern etc.

KOSTEN, FIXE UND VARIABLE Fixkosten fallen unabhängig von der erzeugten Menge an. Auflagenfixe Kosten entstehen vor der vollständigen Fertigstellung des ersten Exemplars, hierzu gehören das Pauschalhonorar an Autoren, sowie Lizenz- oder Übersetzerhonorare, aber auch Satz-, Reproduktions- und Einrichtungskosten für die Druckmaschinen. Auflagenvariable Kosten fallen für Papier, Absatzhonorare etc. an.

LIGATUR Bezeichnung für eine Buchstabenverbindung, z. B. in der Garamond: fi zu ﬁ und fl zu ﬂ.

MAJUSKEL Fachbegriff für Großbuchstaben.

MARGINALSPALTE Außerhalb des Satzspiegels, auf dem Rand einer Buchseite (meist im Außensteg) platzierte Anmerkung.

MIKROTYPOGRAFIE/DETAILTYPOGRAFIE Dient der guten Lesbarkeit und der inhaltsgerechten Gestaltung von Texten. Sie wird bestimmt durch Schriftart und Schriftschnitt, fachgerechten Umgang mit z. B. Kapitälchen und Ligaturen, Laufweite der Buchstaben und Zeichen, Verwendung satzgerechter Wortabstände und korrekte Zeichensetzung.

OFFSETDRUCK Flachdruckverfahren für Bücher sowie Zeitungs-, Werbe- und Verpackungsdrucksachen. Als indirektes Druckverfahren wird die hydro- und oleophile Druckplatte erst angefeuchtet, dann wird die

Farbe aufgebracht. Dann wird die Farbe auf einen Gummituchzylinder und danach auf den Bedruckstoff übertragen.

OLEOPHIL Bezeichnung für die Stellen auf der Offsetdruckplatte, die Druckfarbe annehmen und das Feuchtmittel abstoßen.

OTF-FONT Opentype Font. Schriftfonts, die plattformübergreifend eingesetzt werden können und alle Zeichen der Schriften enthalten.

OPAZITÄT Bezeichnung für die Lichtundurchlässigkeit von Papier. Hohe Opazität ist wichtig, damit das Druckbild der Papierrückseite wenig oder gar nicht durchscheint.

PUNKT Kleinste Einheit im typografischen Maßsystem: 1 pt entspricht 0,35278 mm. Vom französischen Schriftgießer Firmin Didot entwickelt.

REFLOWABLE E-BOOK Je nach Reader können Schrift und Schriftgröße geändert werden. Dadurch werden die Inhalte dynamisch umbrochen.

RGB Rot, Grün, Blau (Red, Green, Blue). Grundfarben, aus denen sich das Farbsehen zusammensetzt und in digitalen Medien erzeugt wird.

SCHMUTZTITEL Erste Innenseite eines Buches, meist mit Autor und Titel in kleinerer Schrift; Teil der Titelei (Seite 1–4).

SCHÖN- UND WIDERDRUCK Schöndruck, erster Druckgang auf der Vorderseite des Papierbogens. Nach dem Umdrehen der bedruckten Bogen erfolgt der zweite Druckvorgang auf der Bogenrückseite, der Widerdruck.

SCHRIFTSCHNITT Typografischer Fachbegriff für verschiedene Varianten einer Schrift, z. B. normal, kursiv, fett etc. Sie unterscheiden sich in Schriftbreite, Schriftlage und Schriftstärke.

SONDERFARBE Meist von Pantone oder HKS verwendete Farben, die besonders brillant sind und bei Volltonverwendung keine Randunschärfe haben.

STEGE Bezeichnung für die Räume um die Kolumne: Kopfsteg, Außensteg, Fußsteg und Innen- oder Bundsteg.

STÜCKKOSTENDEGRESSION Die Stückkosten für ein einzelnes Buch sinken bei steigender Druckauflage, weil sich die auflagenfixen Kosten auf eine größere Menge verteilen.

TITELEI Die Seiten 1 bis 4 eines Buches, mit S. 1 Schmutztitel, S. 2 Schmutztitelrückseite, S. 3 Haupttitel und S. 4 mit Impressum.

XML-FIRST Inhalte werden von Anfang an medienneutral strukturiert. Es ist nur eine XML-Quelldatei für alle späteren Publikationsformate nötig.

ZEILENABSTAND Maß für Schriftgröße und Durchschuss; wird von Schriftlinie zu Schriftlinie gemessen.

Literaturhinweise und ausgewählte Websites

Themenübergreifende Fachliteratur

Biel, Peter Johannes: *Buchherstellung für Medienkaufleute und angehende Hersteller.* Weinheim: Wiley-VCH 2012.

Breyer-Mayländer, Thomas u. a.: *Wirtschaftsunternehmen Verlag* (Edition Buchhandel 5). 5. Aufl. Frankfurt am Main: Bramann 2014.

Brookfield, Karen: *Schrift. Von den ersten Bilderschriften bis zum Buchdruck.* Hildesheim: Gerstenberg 2002.

Bühler, Peter; Schlaich, Patrick; Sinner, Dominik: *Digitales Bild. Bildgestaltung – Bildbearbeitung – Bildtechnik.* Bibliothek der Mediengestaltung. Berlin: Springer-Verlag, Vieweg 2017.

Bühler, Peter; Schlaich, Patrick; Sinner, Dominik: *Druckvorstufe. Layout – Verarbeitung – Ausgabe. Bibliothek der Mediengestaltung.* Berlin: Springer-Verlag, Vieweg 2018.

Bühler, Peter; Schlaich, Patrick; Sinner, Dominik: *Digitale Farbe. Farbgestaltung – Colormanagement – Farbverarbeitung. Bibliothek der Mediengestaltung.* Berlin: Springer-Verlag, Vieweg 2018.

Heinold, Wolfgang Ehrhardt: *Bücher und Büchermacher* (Edition Buchhandel 17). 6. Aufl. Frankfurt am Main: Bramann 2009.

Johansson, Kaj; Lundberg, Peter; Ryberg, Robert: *Printproduktion well done!.* 3. Auflage. Mainz: Hermann Schmidt 2008.

Kluge, Mathias (Hg.): *Handschriften des Mittelalters. Grundwissen Kodikologie und Paläographie.* 3. Auflage. Tübingen: Thorbecke Verlag 2019.

Ruta, Hans-Heinrich: *Basiswissen Herstellung für Buchhändler* (Edition Buchhandel 19). Frankfurt a. M.: Bramann 2010.

Schickerling, Michael; Menche, Birgit: B*ücher Machen. Ein Handbuch für Lektoren und Redakteure.* 3. Auflage. Frankfurt a. M.: Bramann 2012.

Schönstedt, Eduard; Breyer-Mayländer, Thomas: *Der Buchverlag.* 3. Aufl. Stuttgart: J.B. Metzler 2010.

Lesetypografie

Willberg, Hans Peter; Forssman, Friedrich: *Lesetypografie.* Mainz: Hermann Schmidt 2010.

Schrift, Satz und Gestaltung

Ambrose, Gavin; Harris, Paul: *Typografie. Schriftgestaltung, Satzgestaltung bei Drucksachen, visueller Aspekt der Textgestaltung.* München: Stiebner Verlag 2005.

Böhringer, Joachim; Bühler, Peter; Schlaich, Patrick: *Kompendium der Mediengestaltung für Digital- und Printmedien.* 3. Auflage. Berlin, Heidelberg: Springer 2006.

De Jong, Stephanie und Ralf: *Schriftwechsel. Schrift sehen, verstehen, wählen und vermitteln.* Mainz: Verlag Hermann Schmidt 2008.

Detjen, Klaus; Forssman, Friedrich; u. a.: *Ästhetik des Buches. Paket der Zwischen 2013–2020 erschienenen Bände.* Reihe: Ästhetik des Buches. Göttingen: Wallstein Verlag 2021.

Fleischmann, Gerd: *Tschichold – na und?* Göttingen: Wallstein Verlag 2013. Földes-Papp, Károly. Vom Felsbild zum Alphabet. Die Geschichte der Schrift von ihren frühesten Vorstufen bis zur modernen lateinischen Schreibschrift. Zürich: Belser 1987.

Forssmann, Friedrich; Ralf de Jong: *Detailtypografie.* 2. Auflage. Mainz: Verlag Hermann Schmidt 2004.

Frutiger, Adrian: *Der Mensch und seine Zeichen.* Wiesbaden: Marix 2006.

Gorbach, Rudolf Paulus: *Typografie professionell.* 2. Auflage. Bonn: Galileo Press 2002.

Götz, Veruschka. Typo digital. Reinbek: Rowohlt 2004.

Haarmann, Harald: *Geschichte der Schrift.* München: Beck 2007.

Hammer, Norbert. *Mediendesign für Studium und Beruf. Grundlagenwissen und Entwurfssystematik in Layout, Typografie und Farbgestaltung.* Berlin, Heidelberg: Springer 2008

Hochuli, Jost: *Das Detail in der Typografie: Buchstabe, Buchstabenabstand, Wort, Wortabstand, Zeile, Zeilenabstand, Kolumne.* München: Deutscher Kunstverlag 1990.

Hochuli, Jost: *Bücher machen. Eine Einführung in die Buchgestaltung, im besonderen in die Buchtypografie.* Berlin: Deutscher Kunstverlag 1990.

Höljes, Wiebke. *Das Schriftmusterbuch.* Mainz: Verlag Hermann Schmidt 2000.

Sauthoff, Daniel; Wendt, Gilmar; Willberg, Hans Peter: *Schriften erkennen. Eine Typologie der Satzschriften.* 7. Auflage. Mainz: Verlag Hermann Schmidt 1998.

Schneider, Karin: *Paläographie und Handschriftenkunde für Germanisten: eine Einführung.* Tübingen: Niemeyer Verlag 1999.

Stiftung Buchkunst (Hg.): *Katalog zum Wettbewerb ›die schönsten deutschen bücher.‹* Frankfurt a. M.: Stiftung Buchkunst. https://www.stiftung-buchkunst.de

Thomas, Monika; Willberg, Hans Peter: *Schriften erkennen. Eine Typologie der Satzschriften für Grafiker, Setzer, Buchhändler und Kunsterzieher.* 7. Auflage. Mainz: Hermann Schmidt 1998.

Tschudin, Peter: *Kleine illustrierte Schriftgeschichte.* Basel: Basler Papiermühle 1997.

Willberg, Hans Peter: *Wegweiser Schrift. Erste Hilfe für den Umgang mit Schriften.* 3. Auflage. Mainz: Verlag Hermann Schmidt 2008.

Williams, Jim; Hildebrandt, Gesine: *Schrift wirkt. Einfache Tipps für den täglichen Umgang mit Schrift.* Mainz: Verlag Hermann Schmidt 2013.

https://www.typolexikon.de/wolfgang-beinert/

https://www.pagina.gmbh

Werfel, Silvia (Hg.): *Buchgestaltung in Deutschland. Reihe: Ästhetik des Buches;* Bd. 14. Göttingen: Wallstein Verlag 2021.

Farbe und Reproduktion

Cottin, Menena; Faría, Rosana: *Das schwarze Buch der Farben.* Frankfurt a. M.: S. Fischer Verlag 2008.

Füssel, Stephan: *Gutenberg und seine Wirkung.* Frankfurt a. M.: Insel Verlag 1999.

Gekeler, Hans. *Handbuch der Farbe. Systematik, Ästhetik, Praxis.* 2. Auflage. Köln: DuMont 2010.

Heller, Eva: *Wie Farben wirken. Farbpsychologie • Farbsymbolik • Kreative Farbgestaltung.* Reinbek: Rowohlt 1989.

Itten, Johannes: *Der Farbstern.* Stuttgart: Urania Verlag 1985

Moos, Ludwig (Hg.): *Farbe digital.* Studio 7.5. Reinbek: Rowohlt 2003.

Schwarzer, Yvonne (Hg.): *Die Farbenlehre Goethes. In einer Textauswahl für Künstler.* 5. Auflage. Witten: Kunstverlag 2009.

Trautwein, Katrin: *128 Farben. Ein Musterbuch für Architekten, Denkmalpfleger und Gestalter.* Basel: Birkhäuser 2010.

Papier

Holt, Neil; von Velsen, Nicola; Jacobs, Stephanie (Hg.): *Papier – Material, Medium und Faszination.* München: Prestel Verlag 2018.

Holt, Neil (Hrsg.), Nicola von Velsen (Hrsg.), Stephanie Jacobs (Hrsg.) Bartels, Klaus B.: *Von der Gründung der ersten Papierfabriken in Berlin und Brandenburg bis heute.* 2. Auflage. Bebra Verlag 2011.

https://www.greenpeace.de/biodiversitaet/waelder/waelder-erde/woran-erkennt-man-umweltfreundliches-papier

https://www.papierindustrie.de

Druckverfahren

Bann, David: *Die Moderne Druckproduktion. Ein Leitfaden.* München: Stiebner Verlag 2007.

Bühler, Peter; Schlaich, Patrick; Sinner, Dominik: *Druck. Druckverfahren – Werkstoffe – Druckverarbeitung. Bibliothek der Mediengestaltung.* Berlin: Springer-Verlag, Vieweg 2018.

Derra, Mario: *Der Solnhofer Naturstein und die Erfindung des Flachdruckes durch Alois Senefelder.* Weißenburg: Verlag Braun & Elbel 2002.

Glocker, Winfrid: *Drucktechnik. Ein Begleitbuch zur Ausstellung im Deutschen Museum.* München: Deutsches Museum 2007.

Internationale Senefelder-Stiftung in Zusammenarbeit mit dem Internationalen Arbeitskreis Druck- und Mediengeschichte (Hg.): 1971–2011. *Geschichte der Lithographie und Steindrucktechnik. 40 Jahre Internationale Senefelder-Stiftung in Offenbach.* Offenbach: Internationale Senefelder-Stiftung 2011.

Stiebner, Erhardt: *D. Bruckmann's Handbuch der Drucktechnik.* 3. Auflage. München: Bruckmann 1981.

https://www.brandbook.de/de/kompendium/drucktechnik/

Buchbinden

Böttcher, Winfried; Persch, Franz. *Fadensiegeln. Modernes Bindeverfahren für Bücher und Broschüren.* Leipzig: VEB Fachbuchverlag 1985.

Cambras, Josef: *Handwerk Buchbinden. Schutz- und Buchumschläge, Techniken und Herstellungsprozesse.* 1. Auflage. Bern: Haupt Verlag 2006.

https://mediencommunity.de/content/buchbinderei-wiki

https://mediencommunity.de/system/files/05.07%20Buchblockbearbeitung%20und%20-endfertigung.pdf

https://mediencommunity.de/system/files/05.07%20Buchblockbearbeitung%20und%20-endfertigung.pdf

https://www.brandbook.de/de/kompendium/buchbinderei/

http://bind-net.de/index.php/buchbinder-abc.html

https://de.wikipedia.org/wiki/Bucheinband

Krickler, Günter: *Die Werkstoffe des Buchbinders.* Hannover: Schlütersche Verlagsgesellschaft 1996.

Liebau, Dieter: *Industrielle Buchbinderei.* 2. Auflage. Itzehoe: Verlag Beruf + Schule Belz 2001.

Wiese, Fritz: *Der Bucheinband.* 7. Auflage. Schlütersche 2005.

Willberg, Hans Peter: *Handbuch der Einbandgestaltung.* Mainz: Fachhochschule.
Zentral-Fachausschuss Berufsbildung Druck und Medien, Kassel.

Kalkulation

Wantzen, Stephan: *Betriebswirtschaft für Verlagspraktiker* (Edition Buchhandel 11). 2. Aufl. Frankfurt am Main: Bramann 2008.

Abbildungen

Das Copyright für die meisten Grafiken, Zeichnungen und Fotografien liegt bei der Autorin. Für alle weiteren Abbildungen liegt das Copyright bei den Archiven, Bibliotheken, digitalen Datenbanken, Fotodatenbanken, Fotografinnen und Fotografen, Museen, Universitäten, diversen Unternehmen und Verlagen, bei denen wir uns uns für die Nutzungsrechte sowie für lizenzfreie Bilder bedanken. Trotz intensiver Bemühungen war es nicht möglich, für sämtliche Abbildungen die Urheberrechtsfrage zu klären. Mögliche berechtigte Ansprüche werden selbstverständlich im Rahmen der branchenüblichen Gepflogenheiten geregelt.

Architekturmuseum der Technischen Universität Berlin (https://architekturmuseum.ub.tu-berlin.de): 111

atelier KALA (https://www.atelier-kala.de/leistungen/restaurierung/), Foto Richard King: 117

Badische Landesbibliothek (BLB) (https://digital.blb-karlsruhe.de/blbz/zeitungen/periodical/): 22

Biodiversity Heritage Library (https://www.biodiversitylibrary.org): 108

depositphotos (https://de.depositphotos.com): 37

Deutsche Digitale Bibliothek (DDB), (https://www.deutsche-digitale-bibliothek.de)

Deutsche Fotothek (http://www.deutschefotothek.de): 87

Deutsches Museum Digital (https://digital.deutsches-museum.de/de/), Foto Deutsches Museum: 58, 104, 106, 108

Digitale Sammlungen (https://www.digitale-sammlungen.de/de/), Münchner Digitalisierungs Zentrum (MDZ): 116

Everding, Holger, dtp studio (http://dtpstudio.de), Foto Holger Everding: 68

Folger Shakespeare Library Digital Image Collection (https://luna.folger.edu/luna/servlet): 24

Humboldt-Universität zu Berlin, Institut für Bibliotheks- und Informationswissenschaft (http://www.ib.hu-berlin.de), Fritz-Milkau-Dia-Sammlung: 116

Internet Archive (https://archive.org), Franz Steffens: *Lateinische Paläographie.* Freiburg (Schweiz) 1903: 37, 38, 39

istockphoto (https://www.istockphoto.com/de): 36 Foto Olli Turho, 58, 67, 72, 74, 94, 105, 111, 115, 124

Laura H-B (https://www.flickr.com/people/laurahb/) auf Wikimedia Commons, Foto Laura H-B: 129

Library of Congress (LOC) (https://www.loc.gov), Kirkor Minassian Collection: 37

Ludwig-Maximilian-Universität München (LMU), Digitalisat der UB München (https://epub.ub.uni-muenchen.de: 28

Manolis, Angelakis auf Wikimedia Commons: 111

MATEO (MAnnheimer TExte Online), Universität Mannheim, http://mateo.uni-mannheim.de: 20, 39

Museum für Kunst und Gewerbe Hamburg (https://www.mkg-hamburg.de/de): 111

Mylius, Roland, Privatsammlung auf Wikimedia Commons: 108

Pixabay https://pixabay.com: 51, 74

pdphoto (http://pdphoto.org) auf Wikimedia Commons, Foto Jon Sullivan: 73

Polymer Service GmbH Merseburg auf MediaWiki, (https://www.mediawiki.org/wiki/MediaWiki): 68

Rusch, Jens, Atelier Rusch (https://www.atelier-rusch.de), Foto Jens Rusch

Sächsische Landesbibliothek – Staats- und Universitätsbibliothek Dresden (SLUB): 58, 87

Shutterstock, (https://www.shutterstock.com/de/): 37, 66, 69, 70, 72, 73, 87 Foto Marion Carniel, 105

Staatsbibliothek Bamberg, Digitale Sammlungen der Staatsbibliothek Bamberg im Bibliotheks-Verbund Bayern (http://digital.bib-bvb.de): 77

Stadtmuseum Camburg (http://www.museen.thueringen.de): 116

Universitätsbibliothek Heidelberg, Heidelberger Objekt- und Multimediadatenbank (https://heidicon.ub.uni-heidelberg.de/search): 106

Universitätsbibliothek Leipzig, Digitaler Portraitindex druckgraphischer Bildnisse der Frühen Neuzeit, (https://www.portraitindex.de): 106

Westdeutsche Allgemeine Zeitung (https://www.waz.de), WAZ Mediengruppe in Essen, Foto NatiSythen: 109

Register

Dank.

Viele Freunde und Kollegen haben am Entstehen dieses Buches mitgewirkt. Ich bedanke mich für alle Anregungen, zahlreiche Ratschläge und inspirierende Gespräche.

2022
mediacampus-frankfurt.de
Weiterbildung Seminare rund um die Herstellung
Machen
Alle Nuancen der Produktion.
Gestaltung, Technik, Prozesse – am Campus dreht sich in Aus- und Weiterbildung alles um das Buch, nicht nur von der Idee bis zum Verkauf, sondern auch um Layout, Druck, Weiterverarbeitung, Datenmanagement, eBook, Web und vieles mehr.
Ideen, Design, Hightech und echtes Handwerk:
Jetzt alle Farben der Produktion kennenlernen.
mediacampus-frankfurt.de